教子有方系列

0歲寶寶 成長心事

Growing Child 雜誌發行人

丹尼斯·唐◎總編輯

毛寄瀛 博士◎譯

書泉出版社 印行

源起

　　四十多年前，《教子有方》的創辦人丹尼斯・唐（Dennis Dunn）任職文字記者，並擁有一個幸福的小家庭。五歲的兒子和一般小男孩沒什麼兩樣，健康、快樂又聰明，偶爾也會調皮和闖禍。然而，兒子在進入小學不久之後，卻發生了上課不認眞、不聽老師的話、注意力不集中的困難。父母眼中活潑可愛的孩子，竟成了老師眼中學習發生障礙的問題兒童；唐家原本無憂無慮充滿笑聲的生活，也因而增添了許多爭執與吵鬧。

　　在研究與治療兒童學習障礙聞名全球的普渡大學「兒童發展中心」的評估之後，發現丹尼斯的兒子雖然天資十分優異，但對於牽涉到時空順序的觀念卻倍覺吃力。問題的癥結在於，這個孩子的早期人生經驗有一些「空白」之處，也就是有一些在嬰孩時期應該發生的經驗，很不幸沒有發生！治療的方法是，帶領孩子逐一經歷那些多年以前沒有發生的「事件」，以彌補不該留白之處的記憶、經驗與心得。

　　經過成功的輔導之後，丹尼斯的兒子在各方面都表現得相當出色。然而，丹尼斯卻對於孩子小時候因爲自己的無知與疏忽，感到非常的遺憾。如果在孩子剛出生時，就懂得小嬰兒日常生活的點點滴滴對於日後成長的影響是如此深遠，那麼許多痛苦的冤

枉路就都可以避免了。

因此，丹尼斯辭去報社的工作，邀請了「兒童發展中心」九位兒童心理博士與醫師（其中Dr. Hannemann曾任美國小兒科醫師學會副會長），共同出版了從出生到六歲每月一期的《Growing Child》。三十多年以來，這份擁有超過八百萬家庭訂戶的刊物，以淺顯易讀的內容，帶領了許多家長正確地解讀成長中的寶寶。在千萬封來信的迴響中，許多父母都表示閱讀了《Growing Child》每月的建議，只要在日常生活中略施巧思，即可輕鬆愉快地培養孩子安穩的情緒（想喝奶時不哭鬧、遇見陌生人不害羞、充滿好奇心但不搞蛋……）、預防未來發生學習障礙（口吃、大舌頭、缺少方向感、左右不分、鏡像寫字、缺乏想像力、沒有耐性……）以及當寶寶遇到阻礙與挫折時，恰當地誘導他心靈與性情的成長。

小嬰兒一出生就是一臺速度驚人的學習機！孩子未來的智慧、個性以及自我意識都會在五歲以前大致定型。對於期待孩子比自己更好的家長們而言，學齡之前的家庭教育實在是一項無與倫比的超級挑戰！

《教子有方》不僅深入寶寶的內心世界，探討孩子的喜怒哀樂，日常生活中，寶寶摔東西、撕報紙、翻書等的一舉一動亦在討論的內容之中。舉例來說，《教子有方》教導父母經由和寶寶玩「躲貓貓」的遊戲，來幫助寶寶日後在與父母分別時不會哭鬧不放人；《教子有方》也提醒家長，在寶寶四、五個月的時候，多帶寶寶逛街、串門子，以避免七、八個月大時認生不理人。

現代人的生活中，事事都需要閱讀使用說明書，《教子有方》正是培育下一代的過程中不可缺少的「寶寶說明書」。這份獨一無二、歷久彌新、幫助父母啓迪嬰幼兒心智發育的幼教寶典，針對下一代智慧智商（I.Q.）與情緒智商（E.Q.）的發展，帶領父母從日常生活中觀察寶寶成長的訊息，把握稍縱即逝的時機，事半功倍地培養孩子樂觀、進取、充滿自信的人生觀。《教子有方》更能幫助您激發孩子的潛能到最高點，爲下一代的未來打下一個終生受用不盡的穩固根基。

源起

推薦序——
啓蒙孩子的心智之旅

生命中很奇特的一件事，就是擁有一個孩子。為人父母者若具有足夠的知識來扮演他們的角色，這將是一件輕鬆、舒適及令人愉悅的事。

大部分的父母都希望他們的子女長大後是一位奉公守法的人，是一位體貼的伴侶，是一位真摯的朋友以及一位與人和睦的鄰居。但是最重要的，是希望孩子們到了學齡的年紀，他們心智健全，已做好了最周全的準備。

正如在第一段所提到的，父母們若具有足夠的知識來扮演他們的角色，這將是一件輕鬆、舒適及令人愉悅的事。

早自1971年起，《教子有方》就針對不同年齡的孩子按月發行有關孩子成長的期刊。這份期刊的緣由可以追溯到其發行人發現他的孩子在學校裡出現了學習的障礙，他警覺到，如果早在孩子的嬰兒時期就注意一些事項，這些學習上的困難與麻煩就可能根本不會發生。

研究報告一再地指出，一生中的頭三年，是情緒與智力發展

最關鍵的時期，在這最初的幾年中，75%的腦部組織已臻完成。然而，這個情緒與智商發展的影響力要一直到孩子上了三年級或四年級之後，才會逐步顯現出來。為人父母者在孩子們最初幾年中的所做所為，會深深的影響他們就學後的學習能力及態度。

譬如說：

*在孩子緊張與不安時，適時的給予擁抱及餵食，將會減少往後暴力的傾向。

*經常聆聽父母唸書的孩子，將來很有可能是一個愛讀書的人。

*好奇心受到鼓勵的孩子，極有可能終身好學不倦。

當你讀這份期刊的時候，你會瞭解視覺、語言、觸覺以及外在的多元環境對激發大腦成長的重要性。

我對教育的看法，是我們學習與自己有關的事物。在生命最初的幾年中，豐裕的好奇心與嫻熟的語言能力，將為孩子們一生的學習路程紮下堅實的基礎。這也是一個良性循環，孩子探索與接觸新的事物越多，他（她）越會覺得至關重要，越希望去發掘新的東西。

你的孩子現在正踏上一個長遠的旅程，為人父母在孩子最重要的頭幾年中有沒有花費心力，將會深遠的影響孩子一生。許下一個諾言去瞭解你的孩子，這是父母能給孩子的最大禮物。

《教子有方》發行人
丹尼斯‧唐

Preface （推薦序中英對照）

Having a child is one of life's most special Occurs and this occurs with greater ease, comfort, and joy when parents assume their roles with knowledge.

Most parents want their child to grow up to be a good citizen, a loving spouse, a chenshed friend and a friendly neighbor. Most importantly, When the time comes, they want their child to be ready for school.

As the first paragraph says, this happens with "greater ease, comfort and joy when parents assume their roles with knowledge."

Since 1971 Growing Child has published a monthly child development newsletter, timed to the age of the child. The idea for the newsletter goes back to thetime when the publisher's son had problems in school. The parents learned that had they known what to look for when their child was an infant, the learning problems might never have occurred.

Research studies consistently find that the first three years of life are critical to the emotional and intellectual development of a child. During these early years, 75 percent of brain growth is completed.

The effects of this emotional and intellectual development will not be seen, in many cases, until your child reaches the third or fourth grade. But what a parent does in the early years will greatly affect whether the child is ready to learn when he or she enters school.

Consider this:

* A child who is held and nurtured in a time of stress is less likely to respond with violence later.
* A child who is read to has a much better chance of becoming a reader.
* A child whose curiosity is encouraged will likely become a life-time learner.

As yor read this set of newsletters, you will learn the importance of brain stimulatlon in the areas of vision, language, touch and an enriched environment.

My premise of education is that we learn what matters to us. During these early years, an enriched cariosity and good language skills will lay the foundation for a child life time of learning. It is a positive circle. The more a child explores and is exposed to new situations, the more that will matter to the child and the more that child will want to learn.

Your child is now beginning a journey that could span 100 years. The time you spend or don't spend with your child during the first few years will dramatically affect his or her entire life. Make the commitment to know your child. There is no greater gift a parent can give.

Dennie Dunn, Publisher *Growing Child,* May 2001

Dennis D Dunn

譯者序——
你是孩子的弓

　　長子出生時我還是留學生，身為一個接受西式科學教育，但仍滿腦子中國傳統思想的母親，我渴望能把孩子調教成心中充滿了慈愛，又能在社會上昂首挺胸的現代好漢！求好心切卻毫無經驗的我，抱著姑且試試的心理，訂閱了一年的《Growing Child》。

　　仔細地閱讀每月一期的《Growing Child》，逐漸發現它學術氣息相當濃厚的精闢內容，不僅總是即時解答日常生活中「教」的問題，更提醒了許多我這個生手所從未想到過的重要細節。從那時起，我像是個課前充分預習過的學生，成了一個胸有成竹又充滿自信的媽媽，再也沒有為了孩子的問題，而無法取決「老人言」和「親朋好友言」。

　　我將《Growing Child》介紹、也送給幾乎所有初為父母的朋友們。直到孩子滿兩歲時，望著樂觀、自信、大方又滿心好奇的小傢伙，再也按捺不住地對自己說：「坐而言不如起而行，何不讓更多的讀者能以中文來分享這份優秀的刊物？」經過了多年的努力，《Growing Child》終於得以《教子有方》的形式出版，對於

個人而言，這是一個心願的完成；對於讀者而言，相信《Growing Child》將爲其開啓一段開心、充實、輕鬆又踏實的成長歲月！

「你是一具弓，你的子女好比有生命的箭，藉你而送向前方。」這是紀伯倫詩句中我最喜愛的一段，經常以此自我提醒，在培育下一代的過程中小心不要出錯。曾有一友人因堅決執行每四個小時餵一次奶的原則，而讓剛出生一個星期的嬰兒哭啞了嗓子。數年後自己也有了孩子，每次想起友人寶寶如老頭般沙啞的哭聲，就會不由自主喟然嘆息，當時如果友人能有機會讀到《教子有方》，那麼他們親子雙方應該都可以減少許多痛苦的壓力，而輕鬆一些、愉快一些。

生兒育女是一個無怨容易無悔難的過程，《Growing Child》的宗旨即在避免發生「早知如此，當初就……」的遺憾。希望《教子有方》能幫助讀者和孩子無怨無悔、快樂又自信地成長。

KTSF 26「營養人生」電視訪談製作與主持

加州防癌協會華人分會營養顧問

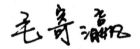

前 言──
本書的目的和用意

　　《教子有方》的原著作者們，是一群擁有碩士、博士學位的兒童心理學專家，而他們的職業，就是在美國普渡大學中一所專門研究嬰幼兒心智成熟與發展的研究中心，幫助許多學童們解決各種他們在學校中所面臨有關於「學習障礙」方面的問題。

　　在筆者經常面對的研究對象之中，不僅包括了完全正常的孩子，同時也有許多患有嚴重學習障礙的孩童。一般而言，這些在學習上發生困難的兒童們，他們在心靈與精神方面並沒有任何不健全的地方，甚至於有許多的個案，還擁有比平均值要高出許多的智商呢！

　　那麼問題究竟出在什麼地方呢？這許多孩子們的共同特色，就是他們在求學的過程中觸了礁、碰到了障礙！

　　而為什麼這些照理說來，應該是非常聰明而且心智健康、正常的孩子們，在課堂之中即使比其他同年齡的同伴們都還要加倍努力地用功，結果還是學不會呢？

　　專家們都相信，在這些學習發生障礙的孩童們短短數年的成

長過程中，必定隱藏著許多不同於正常兒童的地方。

雖然說，我們無法為每一位在學習上發生障礙的孩子，仔細地分析出問題癥結的所在，但是在不少已被治癒的個案中，我們能夠清楚地掌握住一條共同的線索，那就是這些孩子們在他們生命早期的發展與成長的過程中，似乎缺少了某些重要的元素。

怎麼說呢？以下我們就要為您舉一個簡單卻十分常見的小例子，讓您能更深一層地明瞭到這其中所蘊涵的重要性。

在小學生的求學過程中，經常會有小朋友們總是把一些互相對稱的字混淆不清，並且也習慣性地寫錯某些字。譬如說，一個小學生可能會經常分不清「人」和「入」、「6」和「9」，也有很多學童老是把「乒」寫成「乓」！

顯而易見的，我們所發現的問題，正是最單純的分辨「左」、「右」不同方向的概念。

在經過了許多科學的測試之後，我們發現到一項事實，那就是一位典型的、具有上述文字與閱讀困難的小朋友，不僅在讀書、寫字方面發生了問題，往往這個孩子在上了小學之後，仍然無法「分辨」或是「感覺」出他自己身體左邊與右邊的不同之處。

大多數的小孩子們在上幼稚園以前，就已經能夠將他們身體的「左側」和「右側」分辨得十分清楚了。

但是有一些小孩子則不然，對於這些一直分辨不出左右的孩子們而言，當他們長大到開始學習閱讀、寫字和數數的時候，種種學業上的難題就會相繼地產生。

一般說來，一個正常的小孩子在他還不滿一歲的時候，就已經開始學習著如何去分辨「左」與「右」。而在寶寶過了一歲生日之後的三～五年之內，他仍然會自動不斷地練習，並且去加強這種分辨左右的能力。

但是，為了什麼有些小孩子學得會，而有些小孩子就怎麼也學不會呢？

答案是：我們可以非常肯定地說，嬰幼兒時期外在環境適當

的刺激和誘發，是引導孩子日後走向優良學習過程最重要的先決要件。

更重要的是，這些發生於人生早期的重要經驗，會幫助您的孩子在未來一生的歲月中，做出許多正確的判斷和決定。

在本書中我們將會陸續為您解說如何訓練寶寶辨認左右的能力。這雖然是相當的重要，但也僅只是一個孩子成長的過程中，許許多多類似元素中的一項而已。而這些看似單純自然，實則影響深遠的小地方，相信您是一定不願意輕易忽視的。

如果您希望心愛的寶寶在他成長的過程中，能夠將先天所賦予的一切潛能激發到極限，那麼從現在開始，就應該要為寶寶留意許許多多外在環境中的細節，以及時時刻刻都在發生的早期學習經驗！

這也正是我們的心意！何不讓本書來幫助您和您的寶寶，快樂而有自信地度過他人生中第一個、也是最重要的六年呢？

親愛的家長們，相信您現在一定已經深刻地瞭解到，早期的成長過程以及學習經驗，對於您的寶寶而言，是多麼的重要！

筆者衷心要提醒您的一點就是，這些重要的成長經驗，並不會自動地發生！身為家長的您，可以為寶寶做許多（非常簡單，但是極為重要）的事情，以確保您的下一代能夠在「最恰當的時機，接受到最適切的學習經驗」！

本書希望能夠為您指出那些我們認為重要，而且不可或缺的早期成長經驗，以供您為寶寶奠定好自襁褓、孩提、兒童、青少年，以至於成年之後的學習基礎。

在緊接著而來的幾個月之中，以及往後的四、五年之內，您最重要的工作，就是為寶寶（一個嶄新的生命）未來一生的歲月，紮紮實實地打下一個心智成長與發展的良好根基！要知道，身為家長的您，正主宰著寶寶在襁褓以及早期童年時期，所遭遇到的一切經歷！

您必然也會想要知道應該在什麼時候，去做些什麼事情，才能夠為您心愛寶寶的生命樂章，譜出一頁最美妙、動人而又有意

義的序曲。

　　我們希望能夠運用專業知識，和許多年來與嬰幼兒們相處的經驗，成為您最得力的助手。身為現代的父母，請您務必要接受本書為您提供的建議！

　　現在，讓我們再來和您談一談我們所輔導過的個案，也就是那些雖然十分聰明，但是卻在學校裡遭遇到學習困難的孩子們。

　　我們發現，在絕大多數這些孩子們早期的成長與發展過程中，都存在了或多或少未曾連接好的「鴻溝」。而我們在治療的過程中，所最常做的一件事，就是設法找出這些「鴻溝」的所在，並且試著去「填補」它們。值得慶幸的是，這一套「填補鴻溝」的做法，對於大多數我們所輔導的個案都產生了正面、而且相當有效的作用。

　　然而，同時也令我們感到非常惋惜的，就是如果這些不幸孩子的父母，能夠早一點知道他們的孩子在成長的過程中所需要的到底是什麼，那麼大多數我們所發掘出來的問題（鴻溝），也就根本不會產生了。

　　總而言之，本書想要做的，就是時時刻刻提醒您，應該要注意些什麼事情，才能適時激發孩子的潛力，並且「避免」您的孩子在未來長遠的學習過程中遭遇到困難。

出生

第一個月

第二個月

出

生

恭喜您喜獲麟兒！

　　一件新奇而又美好的事情已經降臨在您的身上了，您也許正覺得十分開心、興奮和洋洋得意！但是，面對一個新生命的誕生，以及教養子女所需負起的重任，您是否已感受到了不少的惶恐和壓力呢？

　　別擔心，更別害怕！如果您有以上的反應，那麼您就是正在體驗全天下所有為人父母者的共同心情！

　　在您的寶寶滿月前，您即將會面臨到許多的考驗。對於一般人而言，大多數的考驗都是之前未曾經歷過的全新挑戰！舉個例子來說，光是要去適應嬰兒與成人不同的作息時間這一點，對大多數的父母而言，就是一項相當棘手的難題。

　　一般說來，當伴隨著寶寶出生而來的喜悅與新鮮感逐漸趨於平淡時，您將會開始對於寶寶在身體以及心智各方面的成長與發展，產生許多的問題。

剛出生的小寶寶喜歡做的事：

・吸吮、睡眠，及享受單純的安逸和舒適。
・聽輕柔而且重複的聲音。
・凝視著光線，和移動的物體。
・被抱著，和被輕輕地搖。
・當趴臥時會試著把頭抬起來。

為寶寶提供以下的項目：

・當抱起寶寶時，請別忘了支持住他的頭。
・親人們說話和唱歌的聲音。
・來自一盞燈的光線。
・愛的臂彎。

　　近年來，世界各地已經進行了許多有關於嬰幼兒心智發展，以及如何激發孩子潛能的學術研究。毫不令人意外的，大部分研究的結果都顯示和建議：在孩子身體、心智和情感的成長過程中，父母可以做許多的事情，來助他一臂之力！

　　本書正是一本專門爲有心扮演好孩子「啓蒙師」角色的家長們所設計的讀物。

　　它針對寶寶成長過程中每一個重要的細節，專門強調嬰幼兒時期的心智發展對於建立孩子往後聰明才幹和個性品德的重要性。同時，它也教導家長們如何正確地去瞭解自己的孩子，以及如何愉快而成功地來勝任教育下一代的重任。

　　從零歲到六歲，經由72份配合寶寶成長階段的每月指南，您將會懂得如何按部就班地做，才能充分啓發孩子在心智、體能以及情感上所具備的一切潛能，同時也能讓您的寶寶快樂而有自信地成長！

　　對並非初爲人父母的讀者們，本書還有一句重要的叮嚀，那就是：「別以爲只有在撫養老大時，才需要去學習教育子女的最新知識。老二、老三和老么的心智成長，也是同樣重要喔！」

🍼 新生兒！小嬰兒！小寶貝！

　　一般市面上常見幼兒的畫片和海報，幾乎很少有人採用嬰兒剛出生時的相片，而通常是在嬰兒至少三、五個月大以後所拍攝的。這其實是因爲剛出生寶寶的模樣的確是不大好

看，但是也因此給許多新出爐的父母們留下錯誤的印象，而在初見他們的小寶寶時，感到無比的失望和震驚！

影集《天才老爹》男星比爾‧寇斯比，就曾經餘悸猶存地描述當他初為人父，第一眼在產房中瞄見剛出世的小女兒時，心中五味雜陳的感受：「她，我的第一個孩子，活像是一隻會變色的蜥蜴，在來到人世間的頭一個小時之內，不斷地變換著醜惡的顏色！起先是鐵灰色，然後是青紫和橙桔色，最後居然變成了赭紅色！」

的確，雖然小生命的本身就是一椿喜悅的開端，但是初生的嬰兒卻絕對不可能像是刊登在雜誌封面上的可愛寶貝們，那般笑容可掬，而又白胖可愛！

以下一段是一位媽媽在生完頭胎寶寶被推出產房時，對丈夫所說的話，這段話似乎最能夠代表大多數父母當時的心聲：「老公，咱們的小傢伙實在是很有意思！但是我想，我們一定需要加倍努力地去愛他。因為，他實在是長得不太好看！」

一個出生沒多久的小嬰兒，他的皮膚通常是紅紅皺皺的，並且不斷地在脫皮；小小的鼻子不是扭曲變形，就是非常的扁平。一般而言，如果您想要看清楚他那一雙閉得緊緊的小眼睛，更是一件十分困難的事情。

一個正常還沒滿月的小嬰兒，他的頭就占去了全身將近四分之一的體積。雖然這會使得您的寶寶整體看起來有一種不成比例、不協調的感覺，但這種頭大身體小的分配，正是嬰兒時期腦容量、中樞神經系統和頭顱正常發育的重要特徵。

在寶寶出生之後的頭幾個月之內，因為頸部各種支持頭

顯和自主控制的肌肉，都還沒有完全發育好，因此對父母或保母而言，一件非常重要的事就是：「當抱著寶寶或是餵寶寶喝奶的時候，一定要記得好好地扶住他的頭，千萬不可疏忽地任寶寶的頭前後左右不住地晃盪！」

而您的寶寶要如何學會充分地支持、並自如地控制頭部的活動，也正是他在未來的幾個月之內幾項重要的課題之一。

從現在開始，到寶寶差不多兩歲的時候為止，他的腦部組織會以一種領先的速度，快速不斷地成熟與發

安全帶及安全椅

雖然目前在臺灣，對於嬰幼兒搭乘交通工具，並沒有什麼明文的規定，一般人在帶小孩乘坐車輛時，也多以「提、攜、扶、抱」的方式為主。然而，當今在美國的五十個州之內，已通過正式的法律規定：「兒童乘車一定要有適當的安全措施（例如安全帶、兒童安全椅等）才算是合法。」

說起來，這的確是一件令人不容忽視的大問題！在美國，每年有將近一千五百名五歲以下的嬰孩，在車禍事件中喪生；而每年更有將近六萬多的嬰幼兒，受到肇因於車禍所導致各種輕重不同的傷害。除了偌大的死傷人數令人膽顫心驚之外，許多的交通事故，更是永久性地損壞了受傷孩童的腦部組織，造成下一代無法彌補的悲劇，令人鼻酸與心悸！

其實，家長們僅僅需要在嬰幼兒乘車時，正確地使用安全帶或是兒童安全椅，即可避免許多不幸事件的發生。

臺灣各地現在都可買到品質優良、結構牢固的兒童安全椅。親愛的爸爸、媽媽們，為了您寶寶的安全著想，乘車，尤其是上高速公路的時候，請別忘了讓寶寶使用兒童安全椅，並且千萬要確實地為寶寶和您自己繫好安全帶。別忘了那句老話：「快快樂樂地出門，平平安安地回家！」

祝您全家乘車平安！

展。同時，身體其他器官的發育，也會按照不同的時間表相繼趕上。

小嬰兒典型的成長模式，不僅是由頭部往下，逐漸地伸展到身體其餘的部位，同時也由軀幹的中心區域，逐漸向外延伸到四肢的邊緣。

譬如說，小嬰兒的眼睛從一出生就能看得見。雖然唯有當一件色彩對比非常強烈、或是顏色十分鮮豔的物體，在與寶寶靠得很近的時候，才能真正吸引住小寶寶的注意，但是當您從寶寶的小床邊俯身看他，或是把他抱得離您很近的時候，他的的確確可以看得出您的外形與輪廓！

由此我們不難理解到，在您的寶寶還無法完全運用他的身體和四肢來探索周遭的事物時，他已經會利用那雙一出生即能看清景物的靈魂之窗，來觀察和瞭解這個新奇而美好的世界。這也正好是嬰兒由上（雙眼）而下（身體和四肢）的發展過程中，一個最有意義的實例。

以下我們再舉一個也許您早已經注意到的有趣例子，那就是小嬰兒現在雖然已經能夠多多少少移動自己的手臂，但是他的小拳頭卻仍然握得很緊，而且雙臂的動作不但十分莽撞，同時還包含了許多肌肉性、不自主的抽搐動作。

用不了多久，您的寶寶就會發展出一種比較協調的手臂控制，並且能運用雙手做出揮擊的動作。等到再經過一段時日的成長，寶寶將開始能夠使用他的手掌和手指，嘗試著去抓住許多不同的物體。

相信這種由整隻手臂而往手掌、手指的成熟順序，已經清楚地為您解說了一個剛出生的小嬰兒，由身體的中心向四周外圍逐漸發展的整體過程。

　　現在，讓我們來做一個小小的測驗：如果您讓寶寶的小手抓住您的一隻手指頭，試試看您是否能感受到他的強壯和有力？

　　相信在您的寶寶出生時，一定已經有人（您自己、親戚或是朋友）為他準備了小波浪鼓或是小啞鈴之類的玩具。一般說來，寶寶在滿月之前的幾個星期之內，拳頭多半會握得很緊，同時也不會主動地去把啞鈴拿在手上。然而，如果您強迫拉開他緊握著的小拳頭，並且伸平他的五隻小指頭，寶寶還是會抓住放在手掌心的小啞鈴，但只是一段很短的時間！然後，他會丟下啞鈴，並且看起來彷彿已經不再理會啞鈴的存在。

　　小寶寶的聽力以及對環境的感受又是如何呢？

　　您也許早就已經注意到了，在「突然而來」的一聲巨響、改變姿勢或是搖籃的顛簸之後，您的寶寶往往會因為這種突發的狀況，而驚嚇得全身都震動起來。當這種狀況發生的時候，請您不用覺得心慌，因為這只是小嬰兒與生俱來、完全正常的一種反射動作！

　　初生的小嬰兒都喜歡比較輕柔、平穩、溫和的動作和聲音，而不喜歡突發的改變。

　　在寶寶驚跳和哭叫之後，您需要好好地抱抱他、哄哄他，花幾分鐘的時間，重新給他一份安全感，也讓他知道一切都已經沒事了。除此之外，您大可不必擔心是否會造成什麼不良的後遺症，因為一個還沒有滿月的小嬰兒在環境的突然改變之後，所產生的驚嚇反應，絕對是一種完全正常的表現。

寶寶的聰明和才智

　　凡是研究兒童心理、智慧以及人格成熟與發展的專家們都知道，一個人的聰明才智，通常都是可以經由襁褓和嬰幼兒時期得法的教導與激發，而得以大為提高。許多擁有科學基礎的學術研究報告，也都已證實以及支持以上的說法！

　　如果要正確地比較先天資賦和後天栽培，對一個孩子日後聰明才智的影響，最好、也是最正確的方法，就是研究一對在不同的生活環境中（例如領養、寄養家庭）長大的「同卵雙胞胎」，比較他們長大之後各方面發展的異同之處。

　　近代已經有許多的學術研究，探討了同卵雙胞胎在不同家庭中的成長與發展。一般而言，這些研究都顯示了一個共同的結論，那就是：「那些曾經接受過優良早期教育的雙胞胎們，通常都比他們在未經加強的學習環境中長大的同胞兄弟（或姊妹）們，要表現出較佳的聰明與才智。」這些研究的結果相當重要，因為同卵雙生兒是源自於一個相同的細胞。就遺傳的眼光而言，同卵雙胞胎應該是具有一模一樣的天賦與潛能。

　　由此可知，遺傳並不是主宰下一代智慧高低的唯一因素！在生命早期所接受過的啟發與教育，同樣扮演著相當重要的角色。

　　早在西元1939年，就有一個關於嬰幼兒在接受早期教育之後，智能發展的重要研究。這一份被兒童教育專家們推崇為「經典之作」的研究報告，不僅令專家們刮目相看，同時也首次為世人證實了優良的早期教育對於智商發展的重要

性。以下我們就為您簡單地說明一下這個重要的發現！

　　這份由H. M. Skeels和H. B. Dye所發表的研究報告，共探討了二十五名智障嬰幼兒的心智成長過程，以及他們在成年之後的表現。

　　這二十五位個案原來都是住在同一所孤兒院中，但是其中有十三位嬰（幼）兒卻因為各種不同的原因，而在他們分別是七個月到三十個月大不同年齡的時候，從孤兒院轉學到一所專門收容智障兒的特殊教育學校。而其餘的十二位個案，則繼續留在孤兒院中直到他們長大成人。

　　這個研究讓我們看到那十三名智障嬰幼兒在轉學之後，特殊教育對於他們腦力和智慧的發展狀況所產生的影響。同時，我們也可以比較出注重教育的學校，和注重吃、喝、拉、撒、睡的孤兒院，對於嬰幼兒心智的發展有什麼重要的差別和影響。

　　現在就讓我們先來談一談那十三名智障嬰（幼）兒在轉學之後的情形。

　　在特殊教育學校中，這十三位智障兒和一群年齡比較大、智商也比較高的女孩子們，被安置在同一個看護區之內。除了這十三名嬰幼兒們睡覺的時間之外，其餘的大部分時間之中，都是由這些大女孩子們來陪他們遊戲和玩耍。

　　在此值得一提的是，經由每日的遊玩過程和朝夕相處時的各種接觸，這些女孩子們已經在潛移默化之中，為十三位智障嬰幼兒提供了許多在孤兒院中所不存在的經驗、刺激和啟發！

　　經過了一段時日之後，這些智障兒們接受了第二次的智商測驗（第一次是在孩子們轉學之前）。令人十分驚訝的，

測驗的結果顯示出：「所有十三名智障嬰幼兒在轉學之後，他們的智商全部都顯著地增加了七～五十八不等的基數！」

為了更進一步地分析這項結果，另外那十二名仍然留在孤兒院中的智障兒們，也同時接受了這項比較智商的測驗。測驗的結果令人大為震驚：「所有這十二名智障兒們的智商，都在同一段時間之內減少了八～四十五不等的基數。」

這個結果已經非常清楚地讓我們知道，外在的激發與誘導，不但能夠大大地增進一個成長中嬰（幼）兒的智商，從另外一個角度看來，在這一段寶寶大腦快速發展的過程中，如果完全沒有來自於後天的培育，對於孩子智慧的發展，則會產生「不進則退」的嚴重後果！

二十五年之後，這兩組總共二十五名的智障個案，又再一次的被專家們比較和評估。經過詳細的比對和分析之後，這份前後歷時二十五年之久的研究報告再度為我們指出，兩組智障人士在生活的方式和品質上，也展現了極大的差距！

那十三位當年從孤兒院轉到特殊教育學校的智障人士，在二十五年之後，全部都能夠過著自給自足、不再依靠他人的生活。

反觀當年繼續留在孤兒院的十二名智障個案，二十五年以來，除了其中一人不幸夭折之外，其他仍有五人依然住在不同的智障收容機構中。

而當研究人員繼續就這兩組被追蹤訪查的智障人士的教育程度進行比較時，學者專家們更十分震驚地發現了兩者之間天壤之別的差距。

就轉進特殊教育學校的這一組智障人士而言，他們平均都是高中畢業或是肄業，其中有四人曾經接受過至少一年以

上的大專教育，更有一人擁有一所公立大學的學士文憑。

　　相反的，那些仍然留在孤兒院而沒有轉學的智障人士們，他們不僅全部都沒有進過中學，其中甚至有一半的人連小學三年級都沒有辦法讀完！

　　以上的這些結果，非常明顯地顯示出，一個人在嬰幼兒時期所接受過的學習經驗，對於其往後心智的發展以及人格的成熟，有多麼重要的影響！

　　憑良心說，上文中一再提到的這麼一所專門收容智力殘障嬰幼兒的特殊教育學校，其實並不能夠充分地啓發、並且提供孩童們最適當的早期學習經驗。然而，我們可以看得出來，即使是在這種未臻理想的環境中，那些年齡較大、但也同樣是智障（只是程度較爲輕微）的女孩子們，似乎已經能夠在日復一日的遊玩過程中，提供給從孤兒院轉來的幼小智障兒們相當有效的刺激和啓發。

　　重要的是，這些發生於人生早期關鍵性的學習經驗，不僅大大地提高了這些智障兒們長大以後的聰明與才幹，同時也完全地改變了他們一生的命運和生活方式。

　　讀到這裡，您是否已經十分迫切地想知道應該要如何去做，才能正確而有效地提供給寶寶哪些重要、並且將會影響到智慧與人格發展的「早期學習經驗」呢？

　　而到底在日常生活中又有哪些部分是身爲父母所不應忽視的？如果真的因爲某種原因而造成一時不恰當的狀況，又是否有補救的方法？

　　出版《教子有方》的用意，就是希望能夠幫助您成功地扮演好孩子的「啓蒙師」這個重要的角色。

餵母奶的省思

對於營養學專家和為人父母者而言，如何決定是要哺餵寶寶母奶或是奶粉，都是一項極富理智與情緒的抉擇。

營養，是寶寶藉以成熟與發育的全部來源。無論寶寶所吸收到的養分是來自於母奶還是奶粉，這是孩子的父母們（尤其是媽媽）所必須謹慎下的決定。

無可否認的，哺餵母奶普遍性地來說，對於健康而且足月出生的嬰兒，是一種好處最多也是最為自然的營養形式。

然而，要如何來決定是否由媽媽親自哺乳，則受到了許多外在因素的影響和控制。這些外在的因素包括了嬰兒的大小、成熟的程度；母親的健康情形、體格狀況和職業種類；以及整個家庭的各種相關環境的配合。

在現代社會中，有許多的媽媽們全職在外上班，因此並不能在寶寶每一次喝奶時，都親自來餵奶。但這並不表示職業媽媽們，就無法提供給寶寶這一帖大自然最均衡、也是最完美的配方——母奶！

為了配合外出上班的「奶媽們」工作環境上的需要，已有許多經過特別設計的擠奶器、奶瓶、手提式的冰袋，以及為了避免在辦公室擠奶時，所產生尷尬情況的遮掩裝備，來幫助想要哺餵母乳的母親們，完成她們的心願。

有些職業媽媽們則採取了一種折衷的做法，那就是當她們在請產假留在家裡的時候，儘量完全親自來餵奶；而在當她們銷假上班之後，則混合地使用母奶和奶粉。也就是說，寶寶在媽媽上班時間之內吃奶粉，而在媽媽下班之後，就由

媽媽親授母乳。這完全得要感謝大自然的神妙功能，才能夠配合母親與寶寶的需求，適當地調整造奶和出奶的時間。

如此一來，職業媽媽們在上班期間之內，因為不會分泌乳汁，所以也不會有脹乳、漏奶等難以應付的狀況發生；同時也不必因為要定時擠奶，而造成許多工作上不便的地方。而當媽媽們下了班回到家之後，即又開始正常地分泌乳汁，寶寶也就可以重新享受到母乳中的營養了！

以上所述這種交替哺餵母奶和奶粉的方式，不僅解決了一般職業婦女們計畫餵寶寶母奶時所面對最大的難題，同時也可以為家庭中其他的成員們（包括爸爸、祖父母以及哥哥姊姊們）提供一些餵寶寶喝奶的機會，讓他們也能和這個家庭中的新成員，及早建立起一份「血肉相連」的親情！

就學理而言，現代的父母們所必須知道的一些重要的常識，就是母乳是一種極為穩定，而且是按照寶寶的需求量來調節的優良營養來源。母奶中並且包含了任何一種奶粉所無法提供的長鏈不飽和脂肪酸、活性酵素、防禦性抗體，以及保護性抗發炎體。

最新的研究結果不斷地發現，喝母奶的寶寶不僅生長得快、抵抗力強，同時他們大腦容量的發展和長大以後智慧的表現，都比喝奶粉長大的孩子們要優秀許多。

母奶中所獨特含有的長鏈不飽和脂肪酸是一種重要的脂肪元素，在過去十多年來的許多研究中已發現，這種脂肪酸在人類的胚胎，以及兩歲之前的嬰幼兒期間，非常重要地影響著腦部組織和視網膜的成熟與發展。

而奶粉中所不包含的活性酵素，可以預先分解乳汁中較難消化的養分，以達到營養成分在寶寶尚未完全成熟的消化

系統中，快速被吸收利用的目的。

防禦性抗體增加寶寶對疾病的抵抗力，在寶寶的自體免疫系統尚未完全發育好之前，可降低寶寶感染疾病的機會。保護性抗發炎體包括了多種的球蛋白、活性酵素以及天然乳酸菌，可用以保護及防止寶寶腸胃的不適或發炎。

的確，母乳的好處訴說不盡！美國國家科學院於西元1991年所發表的一份首度集合當代專家們看法的突破性專討《哺乳期間的營養》一書中，即以官方性的立場，鄭重地建議採用母乳來哺餵所有在正常狀況下出生的嬰兒。

這份報告不僅明確地指出，凡是足月出生的健康嬰兒，在四到六個月之前皆應優先考慮以母乳作為其全部的營養來源；並且在分析和統計了現存所有的學術報告之後表示：「總體而言，居住在美國和其他各地的一般婦女們，無論在任何環境之下，絕對都有足夠的條件來親自哺乳，並且提供給她們的嬰兒充分的養分和熱量。」

本書在此要補充說明的一點是，雖然現代科學十分發達，奶粉工業已經進步到只要是母乳中所發現的成分，在技術上都可以依照比例適當地添加到奶粉中，但問題就在於除了大自然之外，科學研究並不瞭解到底母乳中還含有多少重要的成分是我們所不清楚的，而這些未知的成分，又在人類的生命中扮演著什麼樣的角色？

讀到這裡，您是否已經決心要餵母乳了？要知道，母乳的品質完全取決於母親的健康狀況，和良好均衡的飲食習慣。一位哺乳的媽媽所攝取的飲食，全部都會以某種不同的形式，存在於乳汁之中。

舉凡調味料、茶、咖啡、酒精、藥品，以至於古柯鹼、

大麻之類的毒品，都會經由母體傳遞到奶水中，而對寶寶造成程度不同的影響或是傷害。

親愛的媽媽們，如果您不想讓寶寶喝到帶有辣椒及大蒜味的奶水；不想讓寶寶在喝了咖啡因含量過高的乳汁之後而睡不著覺；不想讓寶寶因為吸取了過多的酒精而昏睡不已；或是不願意寶寶健康的身心受到各種化學藥物的戕害，那麼就請您務必在這一段餵奶的期間內，為自己和寶寶設計一份口味適中、營養又均衡的健康食譜！

一般說來，一位哺乳的媽媽每天需要比她在懷孕前增加三百～五百卡路里的熱量，充分的鈣質和水分。因此，如果能在每天正常的飲食中，添加三杯牛奶，即可恰如其分、不多（以免產後發胖）也不少（以免影響到媽媽的健康）地滿足哺乳的需要。

同時，也請您絕對不可在未經醫師認可之前，服用包括成藥在內的任何藥物，以免鑄成永難彌補的錯誤！

最後要說的是，雖然早產兒的母親們同樣也可以親自哺餵她們的「小」小嬰兒，但是為了寶寶正常的生長發育起見，您也許需要將您的奶水與專為早產兒所設計的奶粉混合使用，並且添加包含了鐵質在內的多種維他命和礦物質。當然，使用前請別忘了徵求小兒科醫生的指示。

餵母乳不僅對於下一代有著說不完的好處，對於母體的健康同時也有著極大的助益。由於造奶容易消耗產婦體內大量的熱量，而哺乳期間體內所產生的賀爾蒙，也會強而有效地刺激子宮的收縮，通常產後親自授乳的婦女們，要比不餵乳的婦女們，更加輕鬆而迅速地恢復到懷孕前的身材。

不僅如此，臨床上的統計結果也一再地顯示出，餵母

乳似乎能提高婦女們對乳癌、骨質疏鬆症等現代殺手的抵抗力！也就是說，曾經親自餵奶的母親們，在中年以後罹患乳癌、骨質疏鬆症的機率會大大地減低。

因此，對於已經決定要親授母乳的媽媽們，本書祝福您們的「奶媽歲月」，健康、苗條又快樂！

奶粉的使用

在當今這個科技發達，又凡事講求方便與迅速的時代，除了極少數在寶寶斷奶之前完全哺餵母乳的母親之外，大多數的家庭在寶寶可以正式飲用牛奶之前（大約在周歲左右），或多或少都會採用市售的嬰兒奶粉來哺餵成長中的小寶貝。

當您在決定奶粉的品牌及種類之前，建議您參考營養專家或是小兒科醫師的意見，正確地選擇一種品質優良、又能配合寶寶需要的營養來源。

接下來，就是如何正確地沖泡及餵食了。沖泡奶粉的準備及消毒的幾個步驟，其實相當容易。

最簡單的方式，就是將已按照說明沖泡好的奶水直接裝入奶瓶中，轉上奶嘴、蓋好蓋子之後，整瓶放入蒸奶器或是蒸鍋內，用沸騰的水蒸氣來達到消毒的目的。

當然，您也可以分別先將奶瓶、奶嘴蒸餾殺菌過之後，再用開水在奶瓶中將奶沖好。如此一來，寶寶就有衛生安全的奶水喝啦！

然而，不論您想採用哪一種方法，都請您別忘了要先洗手喔！

有太多的人和文章都曾經描述過，當一位母親在餵她的寶寶喝奶時（此處特指母乳而言），親子之間油然生起的一種血脈相連、生息互動的美妙情懷。相信您一定也曾聽說或是閱讀過類似的描述。的確，文人們並沒有虛構那份令天下所有的母親們，終生難忘的甜蜜與悸動！

我們所要強調的是，當使用奶瓶餵寶寶喝奶時，您同樣也可以達到上述的境界，享受並體驗一番大自然所賦予「哺乳」二字的奧妙！

建議您在使用奶瓶餵奶時，不妨採行以下所列的幾個簡單的要領：

1. 使用奶瓶餵奶時，請務必將寶寶抱在您充滿了愛的懷抱中。
2. 當小寶貝喝奶時，請將他緊緊地貼著您的身體，並記得要不時輕聲地和他說說話、聊聊天。
3. 餵奶時請儘量保持著一種「從容不迫」、「好整以暇」的心態。這是屬於寶寶與您之間最最親密的時刻，請您千萬不要不耐煩，如果您要趕時間，那麼就請比較有空的家人幫一次忙吧！

有不少的統計結果顯示出：「使用奶瓶餵奶與嬰兒體重的過度增加，有著相當直接的關聯」。而這通常都是由於過度餵食所造成的結果！因此，父母們在餵小寶貝喝奶之前，應該對於小嬰兒的飲食模式，先有一層基本的認識與瞭解。

一般說來，滿月之前的小嬰兒每一頓會喝到約90～120毫升（3～4盎司）的奶水。滿月以後，寶寶每長大一個月，平

均每頓會多喝約30毫升（1盎司）的奶水，如此一直增加到寶寶差不多五～七個月大時，每頓喝240毫升（8盎司）的奶水為止。

小寶寶語言能力優良的發展，以及其牙齒健康漂亮的發育，都是從出生的那一瞬間開始起跑！

早在寶寶開始學說話之前，他的舌頭以及口腔的肌肉組織，就必須接受到正確的刺激和訓練，以為日後口齒的清晰與流利做好完善的準備工作。

吸吮，是一種口腔與舌頭最基本的肌肉訓練。對於剛出生的寶寶而言，吸吮是一種被饑餓所激發出來的反射動作！有趣的是，有時候當您用手指輕揉寶寶嘴唇的四周，也同樣可以引發他吸吮的反射機制。

值得您注意的是，如果裝在奶瓶上奶嘴的長度過長，它會直接伸入小寶寶口腔的深處，導致奶水直接流進喉嚨中，而剝奪了寶寶口腔運動的機會！

而就另外一個角度來探討這個問題，如果奶嘴的大小與長短皆適中，但是奶嘴上的孔洞太多（或是太大），則會引起過多的奶水在同一個時間內，流進寶寶的小嘴中。此時，寶寶要不是被過多的奶水嗆到，就是會自衛性地將多餘的奶水自嘴角吐出。

久而久之，小寶寶為了防止自己因為吸奶而窒息，他會在吸吮時猛力地將舌頭往前推進，並且把奶嘴死命地夾在舌尖和上牙齦之間，以期在奶水的流量變小之後，再開始進行吞嚥的動作。

親愛的家長們，請您注意了，上述小嬰兒在吸奶時所採取舌頭前推的反應，以及不正常的吞嚥方式，在被長久混合

使用之後，非常容易發展成寶寶一種不正確的習慣動作。往後，當寶寶開始說話時，他很可能會自然而然地依賴這種不良的習慣，而造成大舌頭、咬舌音等口齒不清的問題！

 傳統搖椅新功用

還記不記得孩提時代，那張古老而親切的大搖椅？那種屬於傳統的式樣，有著舒適的扶手和高高的椅背，可以把頭安逸地靠上去的那種大搖椅？

搖椅對每一個人而言，都是一個舒服的搖籃。然而，它卻彷彿是專門為小嬰兒和父母親們所設計的安樂窩！

搖椅的設計提供給父母和寶寶無比舒坦與輕鬆的感覺。不是嗎？連醫生們都認為輕柔地使用搖椅，可以增進腿部血液的循環。

然而，您或許不知道，搖椅對於寶寶心性與官能的發展而言，還代表著比舒適更深一層的意義！

當您抱著寶寶坐在搖椅中，一面輕輕地搖、一面柔柔地對他喃喃細語時，您不僅是正在傳達著一種連剛剛出生的小嬰兒都可以懂得的關愛、溫暖和安全感。當您輕搖寶寶的同時，那種一前一後簡單的晃動，即不斷地刺激著深藏於寶寶內耳之中，掌管平衡以及位置的感應器。此時的寶寶可以感受到搖椅的前後搖晃。

而當您把寶寶舉起，或是直立抱起，將他的小腦袋靠在您的肩膀上時，他會即刻感受到一種不同方向的擺動。如果再讓寶寶趴在您的大腿上，此時他

感覺到的，則又是另一種全然兩樣的移動感。

　　經由每一次姿勢的變換，小寶寶在搖椅中體驗到了不同形式的搖晃感！但是請您別忘了，當他逐漸開始對於位置的改變，以及各種不同方向的移動，有所知覺與領會的同時，父母親緊抱住他的懷抱，始終是寶寶唯一的安全保證！

　　經由以上所述的搖椅經驗，一個小嬰兒得以學習如何去詮釋並運用，由其平衡中樞所傳送出來的訊息和反應。

　　在往後寶寶學習如何站立與走路的日子裡，這種詮釋平衡反應的能力，將會被運用來發展與維持獨立活動時，所必須具備的「平衡感」。

　　因此我們說：傳統的搖椅是現代社會中，愛與學習的表徵！

與小兒科醫生溝通

　　溝通，並不是一條單行道！

　　有了孩子之後，您將要開始學習如何和小兒科醫生打交道！要知道，小兒科醫生通常都是在家長們充分的支持與配合之下，才能提供給寶寶最佳的醫療和照顧。因此，醫生與家長之間良好的雙向溝通，就經常在寶寶的就醫過程之中，扮演著關鍵性的重要角色。

　　全天下所有的孩子都會生病！當您的孩子生病時，請先別過度緊張。雖然說一位好的小兒科醫生，應該會十分瞭解您心中焦躁與不安的情緒，但是一位專業醫生所更加需要的是，許多根據您所提供有關於寶寶病情的重要資料，從而做出迅速及正確的診斷。

因此，如何保持冷靜的情緒以及清晰的思考，即是家長們在帶寶寶就醫之前，必須努力做好的自我心理建設。

首先，當您在對醫生陳述病情歷史時，請務必針對「病況」加以報告，而儘量避免發表您個人所下的「診斷」。譬如說，應該告訴醫生的是：「發燒的溫度和時間」、「嘔吐腹瀉」和「皮膚上紅疹的部位」；而不要自作聰明地

對醫生說：「她一定是感冒了」、「我想她是得了腸胃炎」或是「瞧，我的寶寶對奶粉過敏」之類的話。請您充分信任小兒科醫生，讓專家來為寶寶的病情下診斷，這樣不是更好嗎？

其次，在您和醫生溝通之前，請預先想好醫生可能會問的問題，並且先做好回答問題的準備。以下我們為您準備了一份簡短但重要的清單，讓您在帶生病的寶寶就醫之前，能夠有條不紊地整理出小寶貝的病情與徵狀。您不妨將這份清單多複印幾份，並且存放在家人都可容易找到的角落，以備日後的不時之需。

最後要提醒您的是，生病的孩子必定會比平時難以應付，請您一定要耐住性子，比平時更有愛心地來呵護病中的小傢伙！如果您的情緒實在是因為寶寶的病痛而難過與紊亂，那麼就請您不妨明白地告訴您周遭的人（包括醫生在內）。他們一定會諒解的。

求醫清單

　　以下所列出的項目，能幫助您在帶寶寶就醫之前仔細記錄下病發的經過，以便醫生迅速正確的診斷：

　　＿＿＿ 發燒的溫度及時間。
　　＿＿＿ 不尋常的肢體語言。
　　　　　（寶寶看起來是不是生病了？）
　　＿＿＿ 聲音粗嘎沙啞。
　　＿＿＿ 呼吸短促急迫。
　　＿＿＿ 流鼻涕、鼻子不通。
　　＿＿＿ 咳嗽、喉嚨痛。
　　＿＿＿ 耳朵流血、流膿或耳朵痛。
　　　　　（寶寶是否經常抓耳朵？）
　　＿＿＿ 頭部受傷。
　　＿＿＿ 腸胃不適、嘔吐、腹瀉。
　　＿＿＿ 便秘。
　　＿＿＿ 大小便習慣的改變。
　　＿＿＿ 睡眠習慣的改變。
　　＿＿＿ （淋巴）腺體的腫脹。
　　＿＿＿ 筋骨扭傷、腫大。
　　＿＿＿ 眼睛充血疼痛。
　　＿＿＿ 皮膚紅腫發癢。
　　＿＿＿ 骨折。

____嚴重、需要縫補的割傷。

其他：_____

 提醒您 !
_____

❖寶寶B型肝炎球蛋白、疫苗、卡介苗是否已接種？

迴　響

　　當我收到第七十二份《教子有方》時，內心對這份六年來指引我們的刊物，有著無法言喻的感激。您們不僅提供了許多貼切的建議，更協助建立了我們母子之間，那一份輕鬆而自信的美妙情感！

　　這是我第一次當媽媽，緊張的我幾乎讀遍了所有關於幼教的書，但是唯有當每個月讀完了您們的文章之後，我才能真正的覺得安心和放心。經由您們，我學會了不對孩子施加壓力；在他沒有準備好之前，不去強迫孩子學習和長大；以及在最恰當的時機給予訓誡。我並沒有像大多數的朋友們般強迫孩子死背阿拉伯數字和英文字母，但是為什麼我的兒子在比他所有的玩伴們都小許多的年齡時，就學會了加減法？因為我根據您們的指點，發現了他智力成熟的訊息：「他喜歡在超級市場幫我把整打裝的鋁箔裝果汁一瓶一瓶拆開！」四歲時他就有了 $6+6=12$、$6+3=9$、$3+3+3+3=12$ 的概念。不必死背，他學得非常開心！

　　我真正要告訴您們的是，小兒明天六歲了，他

是如此樂觀的一個孩子，自信但不自誇，合群又討人喜歡！身為母親的我更是從不知道，小孩子發脾氣是怎麼一回事。不是想炫耀，而是想讓您們知道，在小兒「快樂人格」的發展過程中，《教子有方》扮演了多麼重要的角色！

陶　潔（美國伊利諾州）

第一個月

如何判斷寶寶是否正常？

「到底我應該如何來判斷寶寶的一切是否都正常呢？」這是在一個小生命的成長過程中，絕大多數身為父母的人，或多或少都會捫心自問的一個問題。

抱在您懷中這個惹人疼愛的小嬰孩，是您的心肝、寶貝和命根子！您希望他能擁有世界上一切最美好的事物。

自然而然的，您也會想要知道寶寶的生長、發育以及各種的行為和表現，是否全都符合著所謂的「標準模式」在進展？甚至是否超前、或是落後於「標準」的進度！然而，除非您曾經有過許多照顧嬰幼兒的經驗，否則包括您在內的大多數家長們，都無法正確地決定寶寶的成長是否正常、是否標準！

簡單的來說，本書撰寫的初衷，正是希望能幫助家有小嬰兒的家長們，從各種不同的角度，來瞭解與衡量您的小寶寶！

針對有關您所關切的：「寶寶是否依照正常的速度在成長與發展？」這一個問題，我們將會逐月為您詳盡地描繪出專

> 一個月的小寶寶喜歡做的事：
> ‧聆聽您的聲音。
> ‧專注地凝視人的五官，尤其是眼睛。
> ‧被父母或是親人抱著輕拍、搖晃和喝奶。
> ‧睡覺。
> 為寶寶提供以下的項目：
> ‧當寶寶哭的時候，以溫和、關愛的方式，來回應寶寶生理上的要求。
> ‧您的撫抱、您的庇護以及您的聲音。

家們所定義的「標準嬰兒」的成長及發育的模式，作為您客觀而正確的參考！

在謹慎地研究與觀察一群數目龐大的嬰兒之後，我們得以大致地探索出在每一個不同年齡的寶寶，「平均而言」所展現出來的成熟程度。

雖然說每一個新生的嬰兒都是一個完整而且獨立的個體，任何父母都不可能擁有一個與平均值完全吻合的「標準寶寶」；但是就「一般」正常的寶寶而言，他們的行為與心智，多半都是遵循著一種大致上說來十分相似的模式在發展。

藉著比較您的寶寶與這種概括性模式之間的差距，您將可以明瞭寶寶在這個月的成長里程中，是超前？還是需要加一點油？

現在，讓我們先為這個「標準嬰兒」取個名字，就叫他「寶寶」好了！

我們就從一個月大的寶寶開始與您談起。在經過了「坐月子」這一段期間的適應與恢復，相信您和寶寶雙方都已經比較能夠接受這種「剪斷臍帶」之後的生活了。對您而言，小寶寶似乎不再是那麼的纖小和脆弱，而您也似乎比較懂得如何來照料他「吃、喝、拉、撒、睡」各方面的問題了！因此，在解決了寶寶的基本生理需求之後，這似乎正是您開始花一些心思，來探索寶寶心靈與智慧的最佳時機。

🖼 寶寶的「行為」

您是否曾經仔細地注意過小寶寶的「行為」和「舉止」？

　　如果您稍加留意，那麼就一定不難察覺出當您讓寶寶十分放鬆地平躺下來的時候，他的小腦袋會盡可能地轉向身體的某一側，而在和寶寶的雙眼所面對同一個方向的那一隻手，也會在和肩膀差不多同樣高度的地方，向外平直地伸展出去。

　　這個時候，寶寶的另外一隻手通常也都是平放在身體的另外一側，不同的是，這一隻手會採取一種向上朝內彎曲的

姿勢，而這一隻手的小拳頭如果不是緊緊地靠著寶寶自己的肩膀，那麼就一定是挨在他的後腦杓兒附近。

　　接下來，讓我們一起來看看這個「標準寶寶」對於外界的刺激會產生些什麼樣的反應。

　　如果您此時輕輕地將寶寶的頭，轉移到平躺時的正中央位置，以使他的眼光正好是直視著正上方（應該是天花板的方向），小寶寶應該會在您鬆手之後，很快地重新將頭轉回他原來所面對的那一個方向。

　　但是，如果您十分技巧地將寶寶的頭，輕輕地扳到他原先所背對的那一個方向，並且稍微堅持地按住他的頭，不一會兒之後，小寶寶多半就會自動改變他兩隻手的相對位置。也就是說，寶寶會把和臉朝向相同方向的那隻手儘量向外伸直，而把另外一隻手臂，朝著靠近肩膀附近的部位向內彎曲。

　　以上所述這種持續性雙臂與頭部之間微妙的相關位置，事實上正是一種生理學上定名為「非對稱性的強直反射動作」，或是「強直性頸部反射動作」的典型表現。而此種反射動作所展現出的強度，則是視不同的孩子而異。一般說

來，您會比較不容易將此種強直性的反射動作，從比較活
潑、警覺性比較高或是煩躁不安的嬰兒身上引發出來。

而這種正常的反射動作，通常會在寶寶五至七個月大的
時候自動消失，永遠不再出現。

 寶寶的「肢體語言」

讓我們再一起來想一想，寶寶的腿和腳又有些什麼樣的
動作和反應呢？

也許您已經注意到了，小寶寶在面朝上平躺的時候，通
常都會儘量地抬高他的小屁股，並且將兩條小腿從膝蓋的部
分向內彎曲，兩個小腳丫則由腳踝處向上內翻。

雖然偶爾他的腳跟也會靠在床上休息片刻，但是絕大部
分的時候，寶寶的兩條腿都是高高地懸在半空中的。此時他
的大腿會和肚皮靠得很近，兩個膝蓋也會微微地朝外張開，
而兩隻小腳如果不是互相靠得很近，就是緊緊地交插跨在一
起。

如果您在這個時候試探性、輕輕小心地將寶寶的兩個膝
蓋同時向外、向下推壓，那麼您應該可以立即感受到來自他
雙腿肌肉向上反抗的阻力。

您再試試看，慢慢地拉直寶寶的一條腿！此時他要不是
用力反抗您的拉力，就是會使勁兒踢開您的手，然後再舒服
地將腿縮回原來的姿勢。

在寶寶十分清醒而又很安靜的時候（沒
錯，小嬰兒偶爾也會有心情愉快的片刻），
他會將雙手向內、向外交替不斷地揮舞，並

且在半空中同時踢著他的兩條腿。有的時候寶寶會手腿齊舞，而有些時候他也會手腿交替著活動。雖然說這些舉動多少包含了些簡單的節奏和韻律感，也許會因此而讓您覺得寶寶看起來似乎是在發揮他娘胎中帶來的舞蹈天分，但事實上，這種看似興奮的舉動對於寶寶而言，卻是完全不代表著任何意義的。

接下來，讓我們選一個寶寶比較活潑的時刻來進行以下的活動。如果您試著讓他面向下趴在床上（或是地板上），此時寶寶的兩條腿會好像匍伏爬行似的，左右交替不時地彎曲和伸直。甚至有的時候，他的腳趾頭會強而有力地抵在床面上，而不自覺地把自己的身體往前推出一小段距離。

相反的，如果您在寶寶安靜或是休息的時候（不論是睡著與否），讓他面朝下俯臥在床上，有一點相當值得您注意的地方，就是此時他的頭應該會自動地轉到身體的一側，並且會安穩地睡在那一側的臉頰上。同時，寶寶的兩隻手臂應該都是緊縮在身體的兩側，手肘也會向內彎曲，而使得他的一雙小手會和小腦袋挨得很近。更有趣的是，寶寶的雙腿會誇張地蜷縮在身體下面，而使得他看起來彷彿是磕頭似地，將小屁股翹得高高的！

現在，讓我們一起小心地來試試看寶寶最重要的一項反射機制，那就是如果您在寶寶安靜趴臥的時候，柔和地把他的臉轉成正面向下（讓寶寶的臉整個埋在床褥之中），這個時候，一個健康而有求生意志的小寶寶，應該會立刻把臉朝上抬高，到不至於被床褥影響到呼吸的高度，接著他會再把頭轉向側面，然後重新舒服地將一側的臉頰平靠在床上。

以下我們還要再為您介紹一個小小的測驗，好讓您能從另一個角度來仔細地瞧瞧您心愛的小寶寶！

請您在寶寶平躺時，小心地抓緊他的雙手，然後試著緩慢而且輕柔地，將寶寶整個的上半身拖成彷彿是直立坐起的姿勢。這個時候，您將會不難發現到，小寶寶此時雖然已經高高地聳起了他的雙肩，但是他的小腦袋卻仍然是完全地倒掛在身子後面。

最後，讓我們來瞧一瞧寶寶的一雙小手又是如何運作呢？寶寶的小拳頭多半都是握得緊緊的，如果您稍加仔細地觀察，便不難發現到，也許他的大拇指此時正被握藏在其餘四隻彎曲的手指頭中間。更有趣的一點是，往往寶寶的一個小拳頭，很可能正被緊緊塞在他張得大大的小嘴巴之中哪！

試試看您是否能夠將他緊握著的小拳頭平坦地張開來？如果能夠的話，不妨試著放一個小啞鈴在他的掌心，當您鬆手之後，小手會短暫地將啞鈴握緊在手中，但是，很快地他就會鬆開小手把啞鈴扔開，而不再注意到啞鈴的存在。

寶寶的視力

相信您一定曾經懷疑過，當一個剛剛來到人世間不久的小寶寶，將他看起來還是皺皺的小臉，面對著您和這個世界的時候，瞇瞇的小眼睛內，到底看到了些什麼東西？

過去我們曾經以為小嬰兒所感受到的世界，只是散漫而雜亂地由一片模糊不清的光線與雜音所組合而成。就好像是一首流傳已久的歌詞中所描述的情景一般，「花非花、霧非霧」地混沌與迷濛！

然而，感謝現代科學的進步和許多專家們研究的結果，

我們現在知道不論是多麼幼小的嬰兒，都有能力將他周遭雜亂的訊息，整理出一些頭緒來。

舉例來說，剛出生不久的小嬰兒，會花很多的時間，專心凝視著凡是類似臉譜的圖案及形狀。同時，他們也特別偏愛某些較為特殊的圖形設計（例如條紋、方格或是點子），似乎這些形狀對他們而言，具有十分重要的意義似的，而饒富興味地仔細研究著！

在這裡值得一提的是，學術上的研究更進一步地顯示出，嬰幼兒時期所接受過的「耳濡目染」（也就是視覺上正確的刺激），大大地操縱著一個孩子在長大以後心靈、情感以及社交能力方面的發展！

因此，根據目前對於嬰兒視力的瞭解，我們應該可以一同來為您剛滿月的寶寶，創造出一個有趣而又能吸引他注意力的環境，使寶寶時時刻刻都能生活得既愉快又充實。

對於身為寶寶「啟蒙師」的您，我們先要傳授給您一個要領，那就是：

您必須先清楚地知道，在每一個成長階段的寶寶，會展現出什麼樣的本能，然後再根據這些本能，來引導他充分運用和發揮與生俱來的天賦。

現在，我們暫時先不要把話題拉得太遠，讓我們再回到原來的主題，仔細地來談一談您一個月大寶寶的視覺功能吧！

到目前為止，您的寶寶可以說是十分的「近視」。就好像是要拍特寫照片的照相機焦距一樣，您的寶寶現在只能看清楚位於距離他鼻尖差不多八到十二英吋（約二十到三十公分）的景物。很奇怪吧？但是如果您繼續讀完以下的說明，

您將會豁然明白寶寶的近視焦距，會讓他看到的一樣「極爲重要」的物體是什麼？

　　嚴格說起來，不論是小嬰兒還是您自己的視力，都是由同一種「自動對焦機制」所控制的。這種所謂自動對焦的重要功能，使我們能夠隨心所欲地看清楚遠、近距離內所有的景物。然而，這種機制卻會使仍在襁褓中的小嬰兒，在每一次睜開雙眼的那一刹那，立刻自動地將視線的焦距，調準在距離他大約八英吋（二十公分）外的定點。也就是說，寶寶所看到八英吋之內或是八英吋以外的物體，都是模糊而不清楚的。

　　對於我們成人而言，這是一件相當不可思議的事實！因爲我們的自動對焦功能會使我們的雙眼在同一瞬間，將遠、近所有景物的焦點都一概對得非常的清楚！而我們也早就已經習慣了一旦睜開雙眼，舉目所及的一切景物，不論遠近，都是清晰而又分明的。

　　然而，就小嬰兒的觀點來看，眼睛的焦距不遠也不近，剛巧對準在八英吋以外的地方，這正是造物者在寶寶早期饒富生趣的發展階段，爲他開啓良好視力所預設的最佳巧思。

　　怎麼說呢？現在讓我們先來爲您解答之前所提及的那件「極爲重要」的物體。您不妨和我們一起來找一找，在距離寶寶的鼻尖八英吋外的地方，是不是正好是寶寶一隻朝外直直伸出去的小手呢？

　　現在，相信您一定已經不難理解到，在這個對於小寶寶而言，依然是事事都顯得陌生、而且遙不可及的世界裡，大自然爲他所準備的第一件穩定、可靠、不會改變又可以放心清楚地看個夠的物體，正好是嬰兒自己的一雙小手。

　　其次，您的小寶寶不論是從剛出生時開始的單眼對焦，或是逐漸成熟後的雙眼並用，都必須先學會如何將目光準確而穩定地停駐在一個定點或是靜物之上。也就是說，正當他最需要練習「視覺功能」的同時，小寶寶所能看清楚的，也正是自己最信得過的一雙小手。這是一件看似單純、實則相當重要的天賦功能。

　　您知道嗎？如何正確地控制眼球的運轉，以及恰當地掌握當雙眼並用時，視覺上所發生「景深意識」的官能感覺，在在都是寶寶在日後學習過程中（特別是對於實物的操縱與管理的經驗而言），所不可或缺的先決要件！而以上我們所討論的這些屬於小嬰兒的天資秉賦，事實上也正是人類為什麼會成為萬物之靈的原因之一。

　　還有一點必須讓您知道的就是，當您將寶寶親熱地抱在懷裡的時候，您的雙眼與他小眼睛之間的距離，也正好是八英吋！這種「眼對眼」的接觸，毫無疑問的，是親子之間感情培養的過程中，最不可或缺的一環！

　　我們猜想當您讀到這一段的時候，一定是早已迫不及待地想要找一些有趣、而又可以輔助寶寶視力成長的物體，讓他可以盯著看個夠。先別著急，等一會兒我們會提供給您一些簡單而又有效的建議。我們現在所要強調的一點是，事實上，大自然已經搶先您一步了！即使是在寶寶這麼小的年齡，他手眼之間的互動與配合，早就是由與生俱來的反射機制所控制著。

　　還記不記得我們在前面曾經提到過的「非對稱性的強

直反射動作」？此種反射動作（又稱為「強直性頸部反射動作」），對於將寶寶的一隻小手放置於他自己視力所及的部位這一件事而言，可以說是非常重要而且有效的。

還記得小嬰兒的頭，總是和向外伸出去的那一隻手，面對著同一個方向嗎？更奇妙的是，這種強直性的頸部反射動作，將會和寶寶的「八英吋近視眼」，在幾乎同一個年齡時自動消失！

一個月大的寶寶是屬於觀察和等待的。小寶寶大多數的活動，仍舊是由他「打娘胎兒」所帶來的反射機制所支配著，因而也只留下一段極小的空檔，讓您來爭取他的注意力。

別著急，再等大約一個多月的時間，小寶寶的睡眠時間就會顯著的減少。而到了那個時候，您也就可以將這個美好的世界，比較清楚地呈現在他的面前了。

以下我們就要為您介紹一個極為簡單，但是卻十分重要而且有效的方法，讓您在這個月之內，仍然能夠提供給寶寶一個良好的學習環境，使他的視覺功能和一切與視力有關的反射機制（包括了「非對稱性的強直反射動作」以及「八英吋自動對焦機制」），都能夠得到充分的刺激和練習。

本書希望您能夠記得做到的一件事，就是當您將小寶寶放進他的搖籃或是小床中的時候，要每隔一天，就一百八十度對調他的小腦袋所朝向的方位。

也就是說，如果今天寶寶的頭是朝著床頭，那麼就請您記住，明天要將寶寶的頭調向床尾，而到了後天，就可以再把他的頭轉回床頭的方向，如此周而復始、反覆不斷地進行。

　　這樣做，能夠使得來自於窗外的陽光以及室內的各種光源（譬如說床頭的那盞小燈），每日交替地照映在小寶寶身上互相對稱的部位。別忘了，您的小嬰兒現在不但還沒有辦法自行在床上變換方向，更重要的是，寶寶此時有絕大部分的時間，都是在他的小床上度過的！

　　為了預防您和家人們每天都為了寶寶睡覺方向的問題而傷腦筋，我們建議您不妨按照日曆上的單、雙日，硬性規定好寶寶每日上床時的方向。

　　譬如說，您可以規定寶寶在單日睡覺的時候頭朝東，而雙日的時候則朝西。又或者您可以每逢星期一、三、五，讓寶寶的頭朝著房門的方向睡，而每逢二、四、六則讓寶寶的腳朝向房門的方向。

　　對於您而言，這雖然只是日常生活中一樁小小的差事，但是這麼一來，小寶寶的臉和目光都將會為了跟隨光線的來源，充分而且平均地轉向身體的左右兩側。對一個小嬰兒而言，他的「強直性頸部反射動作」，也會因此而接受到朝左、朝右方向，均衡並且有益的練習。

　　如果我們更深一層地來分析這個做法，您將會發現小寶寶不僅是已經踏出了學習的第一步（因為他會開始試著去分辨出身體有左右不同的兩側），同時也能夠首次地感受到外在的方向感。而我們最不應該忽略的一點就是，寶寶甚至對於「時間」的意義，也初次嗅到了一種極為原始的訊息（單數天、雙數天之間的不同）。

　　讀到這裡，您可能有一些累了！休息一會兒，但是身為寶寶「啟蒙師」的您可千萬不能放棄喔！要知道，我們現在所談的每一件事，都會十分重要地影響到您的寶寶長大以後

一切的學習過程。

🗨 和寶寶說說話

在科學邁入21世紀的今天，專家們不斷地提供給我們有關教養下一代所需的最新知識。

到目前為止，我們已經很確定地知道，早在一個小嬰兒脫離母體，獨自來到這個人世間的那一刻，他就已經具備了一切瞭解語言以及學習說話所不可或缺的種種生物本能。

想想看，您的小寶寶在出生之後所面對的第一個「社交圈」，不就正是由父母和家人所組織的那一個「家」嗎？而小嬰兒在生下來之後語言方面的發展，也正是決定於他這個唯一的「社交圈」，是如何來豐盈他生命的色彩，以及充實他言辭方面的經驗。

小嬰兒所發出的第一種聲音，就是「哭聲」。哭，最直接地代表了寶寶對於他自身感覺與情緒的不滿足，例如肚子餓、疼痛以及其他種種不舒適的感受。

在剛剛開始的時候，當小寶寶覺得自己和周遭的一切都很安適、很滿足的時刻，他多半會利用沉睡來享受這種美好的時光。

然而，用不了多久之後，小寶寶就會開始發出某種屬於他自己的聲音，來表達他的滿足感。

知道嗎？當您以不同的照顧方式，來反應您襁褓中的孩子，因為滿足或是因為不舒適所發出不相同的聲音時，您就已經為寶寶建立了一套特殊的「溝通」系統。對於寶寶而言，這種系統的溝通方式即是：

當一個人發出了某種聲音，另外一個人就會去做一些事

情，來反應這些聲音！

在小嬰兒與生所俱的眾多天賦之中，包括了一樣與語言的學習有著直接關聯，同時也是非常重要的本能，那就是對於他所能聽到一切的聲音，小寶寶都會不由自主地傾向於聲音的來源，專心而注意地聆聽，並且會自然而然的對於那些他所聽到的聲音，表現出很多不同種類的反應。

舉一個實際的例子來說，所有帶過小孩子的人都知道，當一個正常的小嬰兒，在忽然之間聽到一聲突發的巨響之後，他的反應除了整個身體會因為這個響聲而「驚跳」起來，同時寶寶的心跳和呼吸，也會因而加快許多。

相反的，當您溫柔輕聲地為寶寶唱搖籃曲哄他入睡的時候，小嬰兒的反應大多是先安靜且愉快地聽著您的歌聲，然後漸漸地入睡。偶爾，襁褓中的小寶寶還會「對著」您微笑呢！

由此可見，一、二個月大的寶寶雖然外表看起來像是還沒有成熟的樣子，但是他在聽力方面的知覺，卻是早已足夠勝任與您之間的「雙向溝通」。

生物學家們相信，小嬰兒在剛出生的時候，正如所有其他幼小的動物一般，僅僅只能區分出不同種類的聲音（例如人的聲音和水流的聲音），然後對於那些不同種類的聲音，再產生出不同的反應。

然而，人類之所以成為萬物之靈而與動物有所不同的地方，就是人類的小嬰兒在極短的時日之內，即能夠在同一種的聲音之中，更進一步地區分出不同的來源。試試看，您的寶寶是不是已經能夠從一大堆人說話聊天的聲音之中，分辨出您的聲音？一般說起來，小嬰兒會針對他的父母所發出來

的聲音，表現出與其他的聲音截然不同的反應。

　　不知您是否已經注意到，寶寶在別人（例如鄰居或是訪客們）對他說話的時候，也許看起來一副昏昏迷迷想睡覺的樣子，但是如果寶寶的媽媽在這個時候突然出聲加入談話，很多寶寶都會立刻清醒過來，甚至有些比較活潑的小嬰兒還會開始手舞足蹈起來了呢！

　　也就是說，您的小寶寶很快地就能夠學會去把一個大人輕哄他的聲音和呵護的話語、關愛的親情、無條件的照顧，以及一張微笑的臉，全部都聯想在一起。

　　無可否認的，「語言」在人與人之間諸多的溝通技巧中，絕對是最重要的一環。

　　在寶寶語言的成熟過程之中，父母及親人們對他所說的話，不僅有著啓迪的功用，同時也會影響到寶寶日後語言以及口才的發展。

　　因此，當您在為寶寶洗澡、餵他喝奶吃東西、幫他更換整理衣服，或是陪他一起玩的時候，請您務必記得要「打破沉默，張開金口」，不斷的對著寶寶說說話，和他聊聊天。

　　有很多第一次當父母的人（尤其是爸爸們），在一開始的時候非常不習慣對著一個小嬰兒「自言自語」，有時也會尷尬得不知要說些什麼才好。

　　建議您不妨先從「說明」的方式開始，例如說：「尿濕了，媽媽幫你換個尿片」、「外婆來看你了，還帶了玩具呢！」、「媽媽今天很累，爸爸來給你洗澡」等，然後再逐漸地加入您內心的感情以及對寶寶的愛。

　　別以為小傢伙看起來好像是一副什麼也聽不懂的樣子，更別以為您是在「對牛彈琴」，其實在寶寶幼小的心靈深

處，此刻正全心全意接收著您所播放出來的「愛的訊息」呢！

最近這幾年來，有許多關於兒童心理學方面的研究，是專門針對在醫院以及療養院長大的嬰幼兒們所設計的實驗，藉以探討這些孩子們在身心各方面的成長模式。

這一方面的研究結果，大多數顯示出被研究的孩子們，在許多不同方面的發展都有遲滯的現象。然而最嚴重的，就是普遍發生於這些孩子們之中，「聽覺習慣」過分緩慢的成熟。

也就是說，當這些在醫院和療養院中長大的孩子們，接收到外界環境各種不同的音波和聲浪的刺激時，他們沒有辦法把那些比較不重要的聲音濾除，而專注於一些比較重要的聲音。

現在，讓我們用一個您也許比較容易明白的例子，來說明這些孩子們的問題。您是否曾經有過使用錄音機的經驗？假想當您身在一個既有風聲，也有人聲、鳥聲與蟲鳴的戶外活動中，這個時候凡是擁有正常聽力的人，只要能夠專心地去「聽」，仍然可以聽得到主持人說話的聲音！這是因為我們有能力把最想要聽的人聲以外的其他聲音，都當作是雜音而自動地將它們過濾清除掉。但是如果這時我們試著用錄音機來把主持人的演說錄下來，回去放出來一聽，一定是百「音」齊放、嘈雜不堪，甚至您也許會突然從錄音帶中，聽到許多現場所沒有聽到的「雜音」！

的確，再高級的音響設備也沒有辦法達到人耳的「篩音」效果（很多使用過助聽器的朋友們都有這種感受），而我們所談到聽力有遲滯問題的孩子們所能聽到的，正是如同

錄音機、助聽器所傳送出來的效果一般，模糊而不清楚。

現在讓我們來想一想，這些孩子們在醫院和療養院中，可以說是接受到醫學以及營養方面最完善、也是第一流的照顧。但是，他們卻無法像其他的孩子們一般，能夠經常有機會聽到深愛著他們的父母和親人們，絮絮不斷地對他們傾訴充滿關愛的甜言蜜語。

如此一來，即大大地影響到這些孩子們「接收訊息」的能力，因而使得他們對於周遭的人事、景物所應產生的反應嚴重地打了折扣！事實上，早自寶寶在襁褓時期開始，就有兩個重要的因素，在操縱著寶寶在言語方面與人溝通能力的發展：

1.對於人的聲音，寶寶會發出某種聲音來反應它。

2.在寶寶發出聲音之後，他周圍的親人們會立即有所反應，也會開始對著他說話。

以上這兩項要點是缺一不可，如果其中的任何一項受到了阻礙，寶寶的語言發展，就會直接受到負面的影響！

您也許知道耳聾會多麼嚴重地影響到一個孩子語言方面的發育。但是您更應該要明白的是，一個缺少了「輕柔與關愛的嘮叨」的孩子，同樣也會像耳聾的孩子一般，遭遇到言語上的殘障。

預防接種時程及紀錄表

姓名：＿＿＿＿＿＿＿　身分證號碼：☐☐☐☐☐☐☐☐☐☐

出生日期：民國＿＿年＿＿月＿＿日　性別：＿＿＿＿

聯絡住址：＿＿＿＿＿＿＿＿＿＿　電話：＿＿＿＿

戶籍地址：＿＿＿＿＿＿＿＿＿＿　電話：＿＿＿＿

母親姓名：＿＿＿＿＿＿　身分證號碼：☐☐☐☐☐☐☐☐☐☐

適合接種年齡	疫　苗　種　類		預約日期	接種日期	接種單位
出生後儘速接種（不超過24小時）	B 型 肝 炎 免疫 球 蛋 白	一劑			
出生24小時以後	卡　介　苗	一劑			
出生滿2～5天	B 型 肝 炎 疫 苗	第一劑			
出生滿1個月	B 型 肝 炎 疫 苗	第二劑			
出生滿2個月	白 喉 破 傷 風 百日 咳 混 合 疫 苗	第一劑			
	小 兒 麻 痺 口 服 疫 苗	第一劑			
出生滿4個月	白 喉 破 傷 風 百日 咳 混 合 疫 苗	第二劑			
	小 兒 麻 痺 口 服 疫 苗	第二劑			
出生滿6個月	B 型 肝 炎 疫 苗	第三劑			
	白 喉 破 傷 風 百日 咳 混 合 疫 苗	第三劑			
	小 兒 麻 痺 口 服 疫 苗	第三劑			

※表列爲目前由政府提供之常規預防接種項目

※本接種紀錄請家長務必永久保存，以備國小新生入學、出國留學及各項健康紀錄檢查之需

預防接種時程及紀錄表（續）

適合 接種年齡	疫　苗　種　類		預約 日期	接種 日期	接種單位
出生滿12個月	水　痘　疫　苗	一劑			
出生滿12～15個 月	麻疹腮腺炎德國 麻疹混合疫苗	第一劑			
出生滿1年3個月	日本腸炎疫苗 （每年集中於3 月至5月接種）	第一劑			
	日本腸炎疫苗 （每年集中於3 月至5月接種）	隔二週 第二劑			
出生滿1年6個月	白喉破傷風百 日咳混合疫苗	第四劑			
	小　兒　麻　痺 口　服　疫　苗	第四劑			
出生滿2年3個月	日本腸炎疫苗 （每年集中於3 月至5月接種）	第三劑			
國小1年級	破傷風減量白 喉混合疫苗	一劑			
	小　兒　麻　痺 口　服　疫　苗	第五劑			
	麻疹腮腺炎德國 麻疹混合疫苗	第二劑			
	日本腸炎疫苗 （每年集中於3 月至5月接種）	第四劑			
	卡介苗疤痕普查 （無疤且測驗 陰性者補種）				

　　親愛的家長們，請您務必要記得本書的叮嚀，對於您的小寶寶而言，您的沉默絕對不是金，別忘了要時時多費些唇舌，多多和他說說話、談談天吧！

提醒您

❖寶寶B型肝炎球蛋白是否已接種？

❖有沒有記得要對調寶寶睡覺時的方向？

❖是否養成對寶寶「癡癡地說話」的好習慣？

迴　響

　　簡短的一封信，希望能表達我們全家對於《教子有方》所有的謝意！

　　每一次當我對於成長中的孩子發生疑問的時候，您們總是像一陣「及時雨」般，立即為我解開了心中的迷惑。說真的，閱讀《教子有方》的感覺真好！

　　這種每月一期的方式，總是在最適當的時機提醒我該為孩子「充電」。這種體貼的做法，讓我可以按照進度，從容不迫地瞭解時刻都在長大的孩子，不必害怕被忙碌的生活沖昏了頭。

　　外子是一個沒有時間閱讀的人，但是每一期簡單而扼要的《教子有方》，卻可以讓他在臨睡前、或是上廁所時短短的幾分鐘之內，漸漸地對我們的孩子有了更深入的認識。

　　謝謝您將這一份刊物辦得這麼好！

　　　　　　　　　葛彩蒂（美國伊利諾州）

第二個月

寧馨兒！小天使！

　　二個月大的小寶寶，看起來似乎依然是那麼的纖小、柔弱和需要人照顧，然而當您眞正將寶寶抱在懷裡的時候，您必然可以開始感覺出小傢伙和剛出生的時候，已經有些許不同的地方了！的確，現在的寶寶不但是體格方面更加強壯結實，更重要的是，就他整個小生命而言，他已增添了許多的「人性」。

　　在過去的整整一個月內，您的寶寶已投入了他全副的精力，迅速地在適應一個嶄新而且開放的世界。

　　在寶寶目前的成長過程之中，絕大部分必須要仰賴著寶寶體內許多在母體內從來沒有使用過、而且在出生時也尚未成熟的器官（例如肺臟、胃腸管道、肝臟、胰臟及消化系統），以及這些器官快速的正常發育。

　　如果您記性不差的話，您應該還記得寶寶在滿月之前，經常是處於一種不是「半睡」就是「半醒」的狀態。

　　但是對於一個二個月大

二個月的小寶寶喜歡做的事：
· 聽各種的聲音。
· 看自己的手。
· 抬高小腦袋，並且目光追隨移動中的物體。
· 愛看別人笑，也喜歡自己開心地笑。
為寶寶提供以下的項目：
· 柔軟安全的玩具，供寶寶觸摸和廝摩。
· 經常讓寶寶趴著，以增加訓練頭頸肌肉的機會。
· 您的聲音、您的笑容。

的小嬰兒來說，不僅「睡」與「醒」之間的區別，已經比前一陣子畫分得更加清楚（也就是說，睡時比較深沉，而不睡時比較清醒）；寶寶同時也會變得比以前更加活潑，並且能展現出比較優良的警覺度及反應力。

對於周遭所有的事物，二個月大的寶寶不僅會仔細地去觀察，同時也會深刻地加以研究。

當您俯身靠近寶寶的時候，必定不難察覺出他同時也正在專注凝視著您的眼神。也正因為寶寶現在清醒的時段比較長，所以他可以有更多的時間，來觀察並且吸收這個大千世界中的各種聲、光、形、色和感覺。

現在，就讓我們來為您談一談二個月大的「標準寶寶」在各方面的進度如何，以供您作為評估和比較的依據，也好讓您對自己的孩子，能有更深一層的認識與幫助。

就肢體方面的發育而言，當您二個月大的小嬰兒正面朝上平躺的時候，他的小腦袋有的時候也許仍然會像以前一樣，不由自主地轉向身體的某一側，但是這種受反射機制所操縱的轉頭動作的次數，已經比一個月以前要減少了許多。也就是說，寶寶現在自我控制的能力，已經在逐漸地增強之中。

而偶爾當寶寶的頭依舊是轉向身體的一側時，寶寶所面對的方向的那一隻手臂，多半還是會直直地往外伸出去；而寶寶的小臉所背對著的另外一隻手，則仍然會由手肘處朝內彎向寶寶自己的小腦袋，並且會在肩膀（或是後腦杓兒）的附近，握成一個小拳頭。

寶寶的小手掌仍然是不時握得緊緊的，但是他的頭、眼與手之間的協調和控制，卻已是大大地增強了！

　　二個月大的寶寶，他的目光已不再僅僅是朝向一團巨大的物體（例如一扇窗戶或是一片牆）；相反的，寶寶現在不但可以專注地看著自己停住不動的小手掌，同時他的視線也已經能夠短暫地跟隨大人移動中的手了。

　　試試看，如果您在寶寶的面前晃動一件色彩非常鮮豔的物體（例如一小串鮮紅色的中國結或是香包），他第一個反應通常是，雙眼的視線會很快地捕捉住這個移動中的物體。同時，小嬰兒的頭和臉也會緊緊地追隨著這件物體的移動軌跡，而持續不斷地將眼光的焦點努力地對準在這鮮豔的物體上。

　　這種由二個月大的寶寶所逐漸發展出來，對於其自身頭、頸肌肉自如的控制，也將在寶寶其他各方面的發展上不斷地展現出來。

　　例如說，當您的寶寶趴在床上的時候，他的四肢雖然還是像過去一樣，總是自然而然地緊縮在身體的兩側，但是如果您稍加仔細地觀察，必然不難發現到，現在的寶寶，當他在趴臥的時候，四肢和軀體之間的張力，已經要比一個月之前鬆弛了許多。

　　寶寶現在已經能夠在趴著的時候，把頭抬得更高，並且他的頭還能夠在空中支撐住短短的幾秒鐘之後，才會乏力地靠回床上。然而，從另一個角度來研究成長的進度，請您再瞧一瞧當寶寶抬高小腦袋的時候，他目前多半還是沒有辦法同時也將胸部抬高！

　　也就是說，二個月大的寶寶所能做得到的，只是能夠將頭部短暫地舉起，並且配合頭、眼之間較協調的控制，而盡可能地去拓寬他的視野。

換一方面來說，當您將寶寶直立抱在您的胸前時，他的頭應該不會再像過去一般，只是軟軟地靠著您的肩頭，而是會不時像點頭似地，嘗試著抬高他的小腦袋。同樣的，小傢伙的目的是要四處張望，開開眼界！

雖然以上描述所有關於寶寶的轉變，聽起來似乎都是十分微不足道，但是對於寶寶而言，這些轉變卻是他在過去這兩個多月來，嶄新的生命旅程之中，忙碌學習的成果！

知道嗎？您的寶寶正在全心全意、努力地去摸索著，如何在一個完全陌生的環境中求生存。舉凡呼吸、吸吮和吞嚥等，這些對於成人來說輕而易舉，而且是理所當然的基本功能，也需要寶寶花極大的功夫，方才能夠達到足以維繫生命的程度。

寶寶的大腦和中樞神經系統，無時無刻不在接收並記錄著難以數計的新訊息。

在生命早期庫存和烙印下的各種記憶，正是寶寶在長大以後漫長的學習過程中，所要仰賴的源頭活水！

雖然您的寶寶此刻看起來似乎是那麼的無知，但是請您千萬要記住，寶寶現在所做的每一個舉動，事實上與他日後的每一項成就，都是環扣相關、密不可分的。

牙牙學語

大多數的小嬰兒，在出生之後將近六到八個星期的期間，會開始發出許多聽起來像是喃喃自語一般的聲音。

您通常可以在寶寶感覺到十分安適和滿足的時候，聽

到一連串重複發聲的嬰兒語音。而這種聽起來像是鴿子咕咕叫的兒語，和平時寶寶剛吃飽或是剛睡醒時所發出滿意的聲音，是完全不相同的。

您或許還不知道，當寶寶聽起來像是隻小鴿子似的時候，他其實正在和那些令他感到十分開心的「語音」，愉快地玩著一種成人們所不能瞭解的遊戲呢！

就如同當您的寶寶玩他的手指頭和腳趾頭的時候，其實也正是在鍛鍊他四肢的靈敏程度一般，您所聽到不成章法的牙牙稚語聲，也就是寶寶經由玩耍（也就是發聲練習）時，所做的各種不同的嘗試與聲音的組合，以達到自我訓練發聲器官及語言能力的一種表現。

藉著不斷地訓練口腔四周的肌肉以及練習聲帶發聲的感應，二個月大的小寶寶已經學會了如何經由模仿而複製出許多他喜歡聽的聲音。仔細聽聽看，您的寶寶是否會發出一種很像是您在拍、哄他時，所發出的一些沒有什麼意義的聲音？有趣的是，寶寶這種經由反覆發聲的過程中，所導演出的一種原始的韻律和節奏，似乎是最能滿足他自己聽覺享受的一種聲音。

在這裡我們要提醒您的一點是，當小寶寶在充分經歷了以上所述的語音練習之後，他也正朝著一種專司誘發語言能力的「口耳互動」感官功能邁進了一大步。

而學術上所謂的「口耳互動」，簡單的來說，其實也就是指寶寶已經能夠漸漸瞭解到，他所聽到的聲音和他所發出來的聲音之間，存在著一種非常巧妙的因果關係！

從出生開始，寶寶周遭的成人們即在孩子語言及演說能力日臻完善的過程中，扮演著舉足輕重的輔助角色。

想想看，每當寶寶做了些或是表示了些令我們覺得開心的事情時，我們是不是都會用親愛和讚許的言辭，來向寶寶表達內心的感受？您知道嗎？這種愉悅而又充滿著情感的聲調，正是寶寶最喜歡聽的一種聲音！

對於寶寶而言，圍繞在他四周的親人們，如果能在他開始喃喃自語的時候，及時且不斷地給與寶寶一些鼓勵性的反應和激發性的對話，那麼他將會更加充滿信心和動機，而能夠自行發出更多、更複雜的語音。

您不妨試一試，挑一個寶寶剛剛睡醒、喝飽

如何觀察您的寶寶？

在接續的一年中，您的寶寶將會要經歷到比他一生其他任何一個階段都要多的改變，而這些變化通常都是循序漸進、逐一發生的。

觀察不是一件容易的事，而如果您連要觀察些什麼都搞不清楚的話，那就更是難上加難了！因為觀察的本身意味著用心去探討您想要知道的事情，比如說一位生病孩子的母親，會在下意識中去摸一摸孩子在一天之內體溫的變化。

書中所指的觀察，純粹是屬於「隨機、隨興」的方式，而不是預設好標準答案的觀察。您是在什麼時候第一次注意到寶寶已經能夠用他的小拳頭，準確地找到自己的嘴巴？您在什麼時候第一次發覺他在「看」自己的手？而他的兩隻手，又是什麼時候開始可以自行握在一起？

在寶寶成長與發育的過程中，還有許多您絕對不願意錯過的里程碑。而唯有在懂得如何去觀察這些里程碑之後，您才能有效地去啓發寶寶更多的天賦和潛能。我們衷心地期望能夠藉由本書，為您事先做好萬全的準備，使您和寶寶都能充滿信心，共同迎接小生命成長過程中的每一項挑戰！

了奶，或是剛洗完澡、換了乾淨尿片的時刻，請您什麼也別做，只是靜靜地坐在寶寶的旁邊，相信用不了多久，您就可以聽到寶寶自「哼」自「唱」起來了。

如果在這個時候，您也立刻開始模仿著寶寶的「語音」，或是加入一些您認為比較有意義的「對話」，那麼您的寶寶一定會更加熱烈地「回應」您的聲音，而形成一種「合唱」或是「輪唱」的有趣畫面。

經由這種親子之間反覆進行的「語音遊戲」，您的寶寶很快地就能以一種迅速的自主反應，用具有意義的「聲音」，來回答其他人對他所做的表情，或是所說的話了。

 漸漸養成的起居習慣

您是否曾經仔細的想過，小寶寶的生活起居到底是怎麼一回事？而他每天又都是在「做」些、或是「想」些什麼事情呢？

簡單的來描述，二個月大的寶寶一天二十四小時之中，除了裹在被包中睡覺以外，就是看著一些來來去去、模糊不清的人影，以及最重要的吃、喝、拉、撒、哭五樣大事，如此周而復始、日復一日。

凡是帶過孩子的人都知道，當襁褓中的小嬰兒逐漸開始在每天的同一個時間，做（或是發生）相同事情的時候，照顧孩子的工作就會開始輕鬆許多了！

除了減輕父母的負擔之外，寶寶慢慢養成的規律生活，對他自身的啟蒙和發育而言，其實是具有非常重要的意義。

西方社會對於嬰兒飲食作息規律的看法，在過去的半個

世紀內，曾經發生了極大的轉變！

　　大約在三、四十年以前，父母親們往往全權而且硬性決定了孩子的起居時間表，幼小無知的寶寶也就只有選擇一切「逆來順受」的份兒。

　　舉例來說，眾所周知每四個鐘頭餵一次奶的主張，其實就是訓練孩子日後所要養成的許多「好習慣」中的第一件。

　　在當時大多數的父母都認為，孩子哭了就抱、餓了就餵、睏了就睡、醒了就起、要什麼就給什麼，毫無規章可循的作風，不但是最最要不得的壞習慣，而且更嚴重的後果是，不能在孩子面前堅持到底的父母，也必然會徹底地寵壞他們的孩子。

　　然而，以上這種斬釘截鐵的教養方式，卻在最近的十多年之間，有了一百八十度的大轉變！也就是說，「寶寶至上」的想法占了上風。

　　以吃東西來說，抱持著這種新派主張的父母們，多半會採用一種放任式的做法。也就是說，當寶寶想吃的時候就餵一點，而如果寶寶不想吃，也就不多加強迫，百分之百地信任小嬰兒自行控制攝食多寡的本能。家長們同時也相信，如果寶寶總是無法滿足他生理上的種種需求（例如饑餓、疲倦、寒冷等等），這對於他心理上許多方面（自信、人格、性情等）的發展，都將造成終生難以彌補的深刻傷害。

　　在我們目前所處的社會之中，幾乎隨處都可以看到或是聽到，以上所提兩種養育孩子完全不同的做法和論調。然而憑心而論，現在大概已經沒有任何一位家長，可以百分之一百地奉行其中的任何一派學說，而能絲毫不產生某種程度的罪惡感！

　　怎麼說呢？請您不妨試著想一想，假如說我們在日常生活之中，完全依順著寶寶的生理時鐘，盡可能地做到了當寶寶的肚子一餓就馬上餵奶的效率，但結果卻是養成了小傢伙每隔兩個小時就要喝一次奶的「壞」習慣，如此一來，我們必然會開始不時地捫心自問，這種自然派的做法，是不是真的會提早寵壞了小寶寶？

　　反過來想一想，如果我們硬性規定喝奶的時段，強迫寶寶一定要等到時鐘經過四個小時後才可以喝奶，而狠下心腸地任他在肚子餓的時候，聲嘶力竭地大哭一、二個小時。雖然說這種方式的確很有紀律，而且也會使我們在照顧孩子的時候覺得比較輕鬆，但是誰又能保證這種高壓式的作風，不會戕害到孩子幼小純真的心靈，和改變他日後的人生觀呢？

　　其實，如果現代的父母們能夠稍微多費一些心思，真正地去瞭解寶寶和他的家人們，要怎麼樣才能夠在最短的時日之內，彼此適應對方生活起居的方式，那麼（睡眠不足的）家長們就可以輕而易舉地，與可塑性極高的小嬰兒之間，達成一種默契良好的作息規律，而不再需要擔心是否會寵壞了孩子，或是重挫了孩子的自尊心。

　　以下我們所要提供給您的，是一種中庸式、不走極端的方法。奉勸您不要再去為了無法決定是該依照大人作息的時間表，還是該聽襁褓中小寶寶的旨意而傷透了腦筋。生活的節奏，對寶寶的啟蒙及日後心智的成熟發展而言十分的重要，應該由父母和寶寶雙方面共同來決定，而不應該是由任何一方完全負責。請您不妨在讀完以下的解說之後，再來訂

定您的「治家格言」吧！

　　現在，就讓我們一同來分析一下您的寶寶，究竟該如何「融入」您原本規律的生活，而真正地成為這個家庭的一分子。

　　相信您一定還（餘悸猶存地）記得，寶寶剛出生的那段日子裡，他不論是白天或是晚上，都是每隔二、三個小時就要喝一次奶。也就是說，這個剛來到人世間的小生命，根本就沒有什麼「日出而作，日落而息」的概念。

　　因此，凡是在這段時間內照顧寶寶的人，不論是父母或是保母，都必須要十分辛苦（甚至痛苦）地適應寶寶的夜生活。但是我們可以肯定的一點是，用不了多久的時間，即使是親生媽媽（或是其他夜裡負責哄小孩的人）的態度，都會逐漸地開始改變。

　　慢慢的，媽媽會開始很不情願地繼續在清晨兩點下床餵奶、換尿片，也不太高興在半夜三更還要抱孩子。她在晚上醒來的時候，通常會因為太想睡，而不怎麼說話、不願意清醒過來，更沒有像白天的心情一樣，好聲好氣地去逗弄孩子。

　　漸漸的，她在夜裡料理孩子的時候會變成都只開一盞小燈，採取最迅速、最沉默的方式，做好所有的事情，然後迫不及待地回到床上，倒頭就睡。她的一切言行舉止，都似乎是十分微妙地在告訴她的寶寶：「晚上的時間，是安靜、休息和睡覺的時間！」

　　反觀寶寶，同樣也表達了一些訊息。他逐漸會在夜裡一覺睡上五、六個小時（因為他的生理結構漸漸地成熟，能夠儲存足夠的熱量，讓他安睡幾個小時而不被餓醒）；半夜醒來經常只喝了半瓶奶就又開始呼呼大睡；有的時候會在清晨四點醒來哭喊一番，卻在媽媽還沒趕到之前，自己就已經又

睡著了。

　　在寶寶和母親之間，事實上正藉著不斷地暗示對方，而達到雙方都滿意的融洽地步。

　　在襁褓時期，由嬰兒與母親所共同培養出來的生活節奏，正是建立親子之間良好默契的第一步。

　　除此而外，白天的時候也同樣會有一連串的事件在反覆不斷地進行。一般的模式也許是：寶寶睡醒了會哭，然後媽媽過來，寶寶有奶可以喝；喝完了奶過一陣子就洗澡；洗完澡精神很好，玩一會兒之後就換尿片；然後就是睡覺。經過一些時日的重複發生，寶寶的腦海中會逐漸形成一套有規律的模式。他會開始「期待」生活中某些事情的發生（例如喝奶、洗澡），並且開始能「預知」下一件馬上要進行的是什麼事。

　　剛開始的時候，寶寶會一直不斷地哭、哭、哭，直哭到奶吸到嘴裡為止。但是慢慢的，寶寶會在媽媽剛抱起他的那一瞬間就停止哭鬧，因為他已經「知道」，不必費力氣去哭了，馬上就有奶可以喝了，他可以「等」一會兒。

　　我們不難可以想像得到，當寶寶有能力去期盼和等待奶瓶的時候，他其實已經能夠短暫地「忍耐」饑腸轆轆的痛苦了。

　　有的時候，寶寶會在剛「餓」醒的時候哭一下子，但是只要一聽到媽媽喊他的聲音，就自動會很快地安靜下來。這不是天方夜譚，更不是只可能發生在少數嬰兒身上的奇蹟，而是很單純的因為，當寶寶聽到媽媽的聲音之後，媽媽的人就會出現，媽媽來了以後也就有奶可以喝了。因此，他也實在沒有什麼必要，再藉著哭聲來告訴媽媽：「我餓了！」就

是這麼簡單，一個餓了也不哭、不鬧的「乖」寶寶！

以上所提到寶寶在日常生活中所培養出的「期望心情」，將會在日後幫助寶寶發展出許多更複雜、更成熟的心性。這其中最直接的一件就是，當寶寶開始察覺出所有的事情，都是按照順序一件按著一件進行的時候，他心中最原始的時間觀念（例如洗完澡之後……），也將會因此而逐漸成形。

更重要的是，當生活小節不斷地重演之後，寶寶開始明白發生過的事（例如喝奶），都還會再發生的道理。而當一個孩子能夠「相信」，凡是過去曾經發生過的事，都還會再重演的這個事實之後，他就已經學會了「等待」。

日常生活中許多微不足道、理所當然的常規和慣例，同時也將為寶寶開啟許多扇其他的信心之門：例如相信自己；有能力適可而止地表達自身的需要；同時也相信周圍的親人會把他照顧得很好。換言之，寶寶已開始有了某種程度的自我意識了。

讀完以上的建議，何不讓我們再回頭想一想前述那兩種極端嚴格或是放任的做法，會給寶寶帶來什麼樣的影響甚至傷害！

所有的嬰兒都知道，如果他在還不到餵奶的時間就餓了的話，哭，是他唯一能做的一件事。如果我們假裝回到三十年前的歐美社會，一切都按照時間表來嚴格執行，那麼對這個寶寶而言，他所有用來表達饑餓的哭聲（也就是表達內心感受的方法），似乎都是完全無效的！因為不論他是多麼努力地去哭（去對身外的世界表達自己的感受），他想喝奶的念頭絲毫都無法提前被滿足！他一定要等時間到了才有奶喝。

　　這麼一個經由「斯巴達」式方法教育出來的孩子，在他所接觸的世界中，一切都要聽從別人的安排，毫無辦法讓別人知道他真正的需要和想法，他因而會放棄表達自我的努力，不再主動去爭取任何事情（一個餓了也不哭的「乖」寶寶），因為一切的努力都將是無效的！

　　至於放任派的做法則是，當寶寶稍微一有肚子餓的跡象時（例如沉睡時突然開始不安地翻滾），熱得恰到好處的奶就已經準備好了。聰明的寶寶會牢記在心，當他下一次再肚子餓的時候，他將是一秒鐘也不願意多等的！

　　也就是說，寶寶的需要在還沒有被「表達」出來時就已經被滿足了。這樣長大的孩子，雖然也是一個從不哭鬧的「乖」寶寶，但是他不懂得什麼是「不滿足」（肚子餓），也因此會在日後無法面對現實人生中的失敗、缺憾以及各種的不順心。

　　在上述兩派主張所調教出來的寶寶身上，您絕對不會看到，那種親子之間經由不斷地表達彼此需求、包容對方的極限、妥協和溝通，所培養出的和諧與默契。這些寶寶更是無法慢慢發展出對事情期盼的心境和耐心等待的能力。

　　而在實際狀況中十分值得慶幸的一點是，許多父母都發現，任何一派的學說，其實都很難完全適用在自己的寶寶身上。

　　不論奉行時間表的家長們認為是應該或是不應該，大多數的人都會在一個哭得臉色發青的嬰兒面前投降，而提早餵他吃奶；他們的寶寶此時也會因為覺得他的哭喊有了回應，而感到某種程度的心滿意足和培養了些許的自信。

　　同樣的，不論放任派的家長們是不是故意的，他們遲早都會因為要接一通電話或是多睡個幾分鐘，而讓他們不習慣

於等待的寶寶傷心失望；此時的寶寶也就只好發揮他所有的想像力，來預測接下來將會發生的情況了。

當寶寶還在努力學習如何去適應環境的階段，家長們也同時正在學習一項十分重要的才藝，那就是如何用心去聽、去猜、去試，在自己能力所及的範圍內，全心全意地建立起一套足以滿足寶寶心智發展過程中，各方面不同需求的教養方式。

用心的父母們不難從寶寶的身上得到許多的暗示，因為不論是親子之間的信賴、親情也好，寶寶期盼、等待的能力也好，關係良好的父母和孩子之間的溝通管道，應該是永遠暢通無阻的。

小小觀察家

您的小寶寶現在可以稱得上是一名小小觀察家，因為他經常會盯住某一樣物體仔細地凝視，而每一次研究的時間，也往往會久得令父母們大感驚奇。

二個月大的寶寶不但已經能夠將目光牢牢地鎖住正在移動中的物體，這一「凝視階段」也正代表著一個重要發展的開始。

您的寶寶正在學習如何將兩隻眼睛的焦距，同時盯在一個相同的目標上，而這種眼部肌肉精微的協調機制，不僅能夠幫助他建立良好的景深意識，同時也能夠避免寶寶日後發生複視（雙重影像）的問題。對於許多更加複雜的功能而言（簡單的例如伸手取物，複雜的例如精細刺繡、工筆畫），清晰而準確的單一影像，正是寶寶學習過程中最重要的第一

步。

雖然寶寶要等到差不多四個月大的時候，才能夠像成人一般對舉目所及所有的景物對焦都準確清楚，但是他目前雙眼對焦的能力，已經比過去只能看清楚距離他八英吋（二十公分）的物體，要進步了許多。同時，視覺功能上一項很基本的能力——視線追隨移動中的物體，對寶寶而言，也已經不再困難了。

專家們發現，雖然我們似乎無法幫助嬰兒發展他們的對焦能力，但是有許多的科學實驗發現，如果您能在適當的時機提供給寶寶有效的刺激和訓練，那麼許多雙眼運作的能力（例如手眼互動、雙目同時對焦），不僅可以發展得快，而且也能發展得更加靈活巧妙。

為了讓您能夠有效地去鍛鍊寶寶靈敏的雙眼，以下我們要為您介紹一個經過科學實驗證明非常有效而又極為簡單，可以裝在寶寶小床上的小巧設計。

首先，為了提供寶寶的視線一個反光均勻的背景，您需要準備一個直徑約二十公分的白色圓形厚紙板。然後，利用一個底座是白色的奶嘴（因為寶寶會想要），用簽字筆在白色底座上加上鮮紅色的圓點。最後，用一條細繩或是橡皮筋，穿過白色圓紙板的中央，將奶嘴綁在小床邊高於寶寶肩膀約二十公分左右的地方，就算是大功告成了。

最早發明這個設計的一群幼兒心理學專家們，曾經在一個策畫嚴謹的研究過程中發現，經過此一裝置訓練過的嬰兒，可以在才三個月大的時候，就發展出一般嬰兒要到五個

月大時才能表現出來，經由寶寶自主控制的伸手探物和手掌緊握的能力。這個實驗同時也發現，經過訓練的嬰兒，能夠比較「專心」地利用他們的視力來觀察周遭的一切。

　　照理說，您應該在寶寶小床的兩邊各加上一個上述的裝置，因為這麼一來，在寶寶身體的兩側，小手上方不遠的地方，就各有一樣對他而言色彩鮮豔而又錯綜複雜的小玩意兒，可供他仔細地研究。

　　您將會發現，用不了多久以後，寶寶就會用手來揮打床邊的奶嘴。在這個月內，寶寶用的是拳頭，到了下個月，他的小手會稍微張開一些，再過幾個月，寶寶就會運用良好的手眼協調，在快要碰到奶嘴之前，把手掌完全張開，並試著去抓住那個奶嘴。

　　正因為這種控制手眼協調的發展，對寶寶而言極為重要，因此我們鼓勵您要幫助寶寶盡早發現他雙手的存在和它們的功用。而除了前面我們曾經為您提到的要不斷地對調寶寶在小床中的方位之外，從現在開始，您還可以增加一些其他的活動。

　　例如您可以每天一、二次在寶寶眼前三十公分左右的地方，不停地搖晃一個小啞鈴，直到吸引住他的注意為止。一旦寶寶開始盯住啞鈴，您可以試著緩慢將啞鈴水平地朝他耳朵的方向移動，觀察寶寶的目光會不會跟過去。

　　還記得「強直性頸部反射動作」嗎？如果寶寶正處於此種雙眼望著一隻伸出去小手的姿勢時，您可以試著將啞鈴從他目光所及靠床的地方開始，慢慢地朝屋頂的方向移動。剛開始時您會看到，當啞鈴移開寶寶視線範圍時，他雙眼會試著重新去對焦，而產生一些不自主的轉動。但是漸漸地，他

會開始喜歡玩這種遊戲，並且很快的就能表現得令您刮目相看。

您也可以在和寶寶練習了幾次之後，把啞鈴交到他捲曲的小手中，當作是一種獎勵。也許這個時候他只是把啞鈴握在手中，卻連瞄也不瞄它一眼，但是您千萬不用為此而擔心，因為對於此時的寶寶而言，視覺的訓練和雙手肌肉的控制，仍然是屬於兩種完全不同的感覺。假以持之以恆的訓練，您的寶寶一定能夠迅速而成功地達到手、眼、腦和諧並用的境界！

哭泣與滿足

想像得出在您耐心地調教之下，當寶寶頭一回以一種可以分辨得出意義的兒語，也許是「媽媽」、也許是「爸爸」來反應您的時候，您將會有多麼的高興嗎？

如果您曾經細心地去傾聽，您必然知道二個月大的寶寶現在已經能夠發出許多不同的兒語了。然而，您更應該要知道的是，這種早期的發聲練習，直接反應著寶寶身體感官的感覺。

大多數的媽媽們，都會很快地學會藉著寶寶所發出音階的頻調高低，來分辨孩子的喜、怒、哀、樂。

寶寶幾乎從一出生開始，就懂得如何運用聲音來表達他身體方面的感受。這種發聲練習會在他出生之後的頭幾個月內，反覆不斷地進行。

寶寶現階段發聲的過程有兩個顯著的特色。第一是此時他所發出的聲音，都是在反應生理上的種種感受；其次是我

們只能稱這些聲音為「聲音」，而不能稱之為「語音」，因為它們和日後寶寶所要發展出來的語言技巧，還有一大段差距。

現在就讓我們仔細來分析一下幾個寶寶發聲的重要步驟。

代表不舒適的聲音發展得最快，而且會很快地經過三個階段。早自寶寶一出生開始，我們就能聽出許多尖銳的「鼻音」，例如「咿、噎、哎」等；接下來不久，寶寶就會發出「喉音」中的顫音和類似「克力克拉」的聲音；到了最後一個階段，寶寶能清楚地發出「唇舌音」中的「嗯、呢」聲。

同樣的，當寶寶在練就表達喜樂的聲音時，也要經過三個步驟。一開始表示滿足的音律是由一種類似鴿子咕咕聲的「喉音」所組成的。這些在當寶寶的小嘴輕鬆地張開時，所自然發出來的聲音，聽起來有點像是「啊、喔」或是「嗚」。然後，您會在寶寶心情愉快的時候，聽到類似「咯、了」或「可」的「舌音」。最後，當寶寶開始可以正確地發出「唇音」中「呸、啵、得、特」等摩擦音時，他初步的發聲練習就可算是告一段落了！

以上所描述關於寶寶發音的發展過程，雖然看似複雜，其實是單純且直接地和寶寶整體的發展息息相關。

就拿寶寶心情輕鬆愉快時所發出的摩擦唇音來說吧！大家都知道，當寶寶在吸吮的時候，上下嘴唇必然要密合在一起，而寶寶在許多不喝奶時候，他也會不斷地藉著吸吮來取悅自己。因此，我們很容易可以想像得到，當寶寶心情輕鬆愉快的時候，他會緊閉住雙唇，試著做出吸吮的動作，而同時也會發出「呸、啵、得、特」等的摩擦唇音。

寶寶在目前這個階段，除了努力做好發聲練習之外，他還會開始建立起一些相當原始的人際關係。例如寶寶知道當他哭的時候，媽媽一定會來解決他的問題，而當媽媽來了之後，她不但會餵他吃奶、換尿片、保持他適當的體溫和做好清潔工作，同時還會帶來一顆無比關切的愛心。媽媽的手會溫柔地撫摸寶寶，讓他感到安心舒坦。更重要的是媽媽愉悅的聲音和關愛的話語，不僅能夠安慰哭泣中的寶寶，還同時具有激發他發聲反應的重要功能。

由此可知，寶寶喜、怒、哀、樂的發聲練習和日後語言能力的發展，絕對是您可以完全掌握和善加訓練的。

餵食的技巧

當今大部分美國的小兒科醫生，都會建議父母照著嬰兒的「生理需求」來餵食。現在我們要先從營養學的角度，來跟您談一談這個重要的問題。

一般而言，人類的消化管道（此處特指胃與腸）在飯後約二到三個小時之內，會將食物分解利用完畢，而達到一種「空空」沒有食物存在的狀態。但是，我們並不是每隔二、三個小時就吃一頓飯，甚至於有些（例如夜晚的睡眠）時候，我們還可以空著肚皮隔上十幾個小時，才會再度填飽肚子！

您有沒有想過，當我們（大多數）肚子是空著的時候，為什麼不會立即餓死，而甚至於連饑餓的感覺也沒有呢？

這完全是因為我們的身體儲存了大量的養分和能量，以

供我們在不吃飯的時候還能夠維持生命，並且仍有體力完成各種的活動。而這些儲存「糧草」的「庫房」（除了一小部分在肝臟和肌肉中之外），有超過95%的部分，都是由分布在身體各處的「脂肪細胞」所包辦的。

人類的小嬰兒在剛出生的時候，幾乎沒有任何的「脂肪細胞」來供他們儲存養料，甚至於連肝臟和肌肉中的儲存空間也極為有限。這就是為什麼小嬰兒通常每隔二到三個小時就要喝一次奶的原因，同時也是為什麼當他們喝不到奶的時候，就好像是一分鐘也不能多等，如「拚了小命」似地不斷大哭的真正理由！

這種飲食的方式會一直持續到寶寶差不多六個月到一歲左右（因人而異），身體內「脂肪細胞」發展已趨成熟的時候為止。到了那個時候，寶寶自然而然的就可以每一頓吃（喝）比較多的食物（胃容量比較大），同時每一頓之間也會隔比較久的時間（養分的庫存量也提高了許多）。

雖然說二個月大的寶寶喝奶的時間如果能固定，您會覺得輕鬆、方便許多，但是請您千萬要保持適度的彈性。如果寶寶睡覺因為肚子餓而醒了，那麼世界上所有的安慰都無法減輕他的饑餓。而如果您只是因為寶寶「提早」肚子餓而不給他奶喝，這本身也沒有什麼太大的道理。

萬一寶寶在夜裡平時該睡覺的時候醒來，您可以先試著用其他的方法（例如加一床被子或是擦乾被口水浸濕的小臉）使他安靜下來繼續再睡。但是如果很明顯寶寶是肚子餓要喝奶的話，那麼不論當時是清晨幾點鐘，您都應該要餵他奶。

大多數的小嬰兒夜裡都還是需要喝一到二次的奶，但是

您盡可以放心，只要再過短短的幾個月，寶寶會自動延長夜裡睡眠的時間，也就不會再在半夜裡要奶喝了。

提醒您，當寶寶一天喝奶的次數逐漸減少的同時，每一次餵奶的分量也要相對地增加，如此才不會影響到寶寶整體的營養。

對於「日夜顛倒」的寶寶而言，您必須要做到的一點，就是務必要讓他能在白天的時候得到充分的營養。您不妨試試，在寶寶白天每一瓶奶喝完之後，讓他稍稍休息一會兒，然後在不強迫的情況之下，試著讓他再多喝幾口奶。如此一來，寶寶到了晚上就比較不會因為肚子餓而睡不安穩了。

另外，值得您注意的是，一個一整天都待在小床中的嬰兒，如果沒有機會換換環境、多一些新鮮的事物來引發他注意力，也難怪他會在大白天因為無聊而睡上一整天了！因此，寶寶如果能在夜晚來臨之前，有機會多和家人相處，聽一聽家中的聲音，看一看親人的面孔和形像，那麼當夜深人靜的時候，他也差不多疲倦得可以好好地睡上一大覺了。

 ────────── 提醒您 ────────────

❖寶寶小兒麻痺口服疫苗及白喉、百日咳、破傷風混合疫苗是否已接種？

❖寶寶餓了的時候，有沒有快快地餵奶？

❖是否已為寶寶準備好視線的「焦點」？

迴　響

謝謝您們辦了一份如此有內容的育兒刊物！

深入淺出的解說，使我在教養大女兒時，覺得不僅獲益良多，而且十分有趣。

當我們的女兒一個月、一個月漸漸地長大時，《教子有方》總是為外子和我做好了萬全的準備，使我們能夠預期女兒下一步的發展。

《教子有方》也提供了我們許多有用的指標，讓我們知道怎麼去拓寬女兒學習的境界。

我已將這份刊物介紹給許多快要生產的朋友們，希望她們也有機會一睹為快。

再一次謝謝您們！

彭蕙釩（美國賓州）

第三個月

寶寶出生滿一百天了！

　　當您的寶寶三個月大的時候，凡是在他周圍的人，都會不由自主地被他所散發出來的一股純真的「親和力」所懾服。

　　現在寶寶給人的感覺，不僅「純潔得像一張毫無瑕疵的白紙」一般，天真、無邪、對於外界沒有絲毫的戒心，他的一顆「赤子之心」也充滿了無限的熱情與渴望，隨時隨地準備好要和這個美好世界中的每一個生命，大方而不保留地交往。

　　凡是寶寶清醒的時刻，只要您稍稍靠近他的身旁，他就會立刻報以開心的微笑。同時，您三個月大的小寶貝，還會盡其所能的以一種您可能還聽不太懂、但是確實十分可愛的「咕咕稚語」聲，興奮地招呼您，使您在不知不覺之中被寶寶所吸引，而繼續朝向他所在的位置靠近！

　　當您俯身挨近寶寶、並且用一種輕鬆愉快的口吻對寶寶說話時，開心的小

> 三個月的小寶寶喜歡做的事：
> ・揮舞、並且觀察自己的小手。
> ・聽自己所發出來的聲音。
> ・將物體放在嘴巴中研究。
> 為寶寶提供以下的項目：
> ・他自己在鏡子中的模樣兒。
> ・襪套上的小鈴鐺。
> ・有圖樣的床單。
> ・音樂。
> ・（如兩文中所述的）旋轉玩具。
> ・精采的戶外活動。
> ・和您一起玩的時間。

傢伙此時不但會露出璀璨的笑容，有的時候甚至還會止不住咯咯地笑出聲音來！如果您此時也和寶寶一起開懷地笑，同時還拍拍、抱抱他，大多數的寶寶更是會雀躍激動得幾乎喘不過氣來呢！這是大多數的父母們一生之中所經歷過最美妙的聲音和最難忘懷的甜美記憶！

　　三個月大的小嬰兒整體看起來，要比過去靈活得許多。

　　寶寶剛出生的時候，大自然賦予他許多從生物演化的角度來看是利於生存，但是卻完全無法由寶寶的自我意識所控制的「反射機制」（例如前幾個月我們為您所提到的「八英吋自動對焦」和「強直性頸部反射動作」）。然而，當寶寶許多的求生能力逐漸地成熟發育到足以自主控制的程度時，一些「反射機制」也就會自然而然地功成身退，不再出現在寶寶的身上！這也就是為什麼現在您的寶寶看起來會比前一陣子要輕鬆、自然和活潑得許多的原因。

　　雖然現在偶爾寶寶還是會不由自主地把頭偏向身體的一側，但在絕大多數的時間裡，寶寶的小腦袋都是面對著正上或是正前方，而不再受「強直性頸部反射動作」所支配了。

　　寶寶的視力也開始變得十分的敏捷和銳利，他的雙眼現在已經可以非常迅速而又準確地，盯住任何一件在他面前晃動的物體。如果您故意將一樣懸垂著的玩具，在寶寶右邊耳朵的附近搖晃，他的目光會立即向右轉；假使您此時慢慢地將玩具移到他左耳的附近，寶寶的小臉蛋也會隨著他自己的視線緊跟著轉到左邊。

　　接下來，讓我們來看一看寶寶的一雙小手，還記得在過去的一段時日中，寶寶的小手總是緊緊地握成兩個小拳頭嗎？三個月大的小寶寶，他的十隻手指頭不但是已經放鬆了

許多（不會再隨時都握著拳頭了），而且如果您再嘗試著放一個小小的啞鈴在他的手掌心，寶寶不僅會好好地把啞鈴抓在手上，同時還會將它舉到面前來，仔細地觀察他小手中的「外來物」。

您是否願意試一試寶寶的手眼協調進展到什麼地步了呢？如果您在寶寶的視線和雙手可及的範圍之內，故意讓他「看」到一件有趣的玩具，絕大多數三個月大寶寶的反應，通常除了先盯住玩具、凝神研究片刻之外，他還會開始「揮舞」起兩隻手臂。然後，在某種「偶然」的情形之下，寶寶的小拳頭甚至於還會「巧合」地碰觸到他眼前的玩具。

提醒您注意的一點是，寶寶現在雖然已經會試著利用自己的一雙手，儘量地延伸他探索這個世界的觸角，但是請您千萬要記住，三個月大的小嬰兒還是沒有辦法有目的地伸手去觸摸他的目標，同時也更加不可能在他「一不小心」摸到目標的同時，就會立刻張開小手把想要的東西抓在手中。這種所謂「探囊取物」的功夫，還需要寶寶花上一段時日的琢磨，方才可以達成。

換一個方面來看，在經過三個月來不斷的練習之後，您的寶寶現在對於他頭、頸之間肌肉的協調與控制，已經有了相當程度的進展。當有人扶住寶寶的上半身，讓他「坐」起來的時候，他的小腦袋雖然偶爾還是會像秤錘似地或前或後地點著頭，但卻已經不會再像前幾個月一樣，無助地完全倒掛在身後，而是能夠經由良好的肌肉控制，端正地撐得直直的。

當您讓寶寶趴著的時候，他現在不但已經可以把頭抬起來，並且還能強而穩定地把小腦袋舉得高高的。此外，寶

寶還會利用雙手將他的前胸撐得直直的，大大地拓寬他的視野。如果您此時再仔細觀察寶寶，相信您一定可以看出寶寶在趴著的時候，他的膝蓋已經不會再像過去如同磕頭時似緊緊地（由反射機制所控制）蜷縮在身體底下。當您三個月大的寶寶趴著的時候，他的下半身多半是輕鬆安穩地平靠在床上！有意思的是，寶寶的一雙小腳丫現在也會好像大人似地，經由他向後彎曲的膝蓋，而在他小屁股上方不遠的地方不時地前、後踢動著。

以上我們談了許多有關於寶寶肢體方面的發展，接下來就讓我們來探討一下三個多月以來，寶寶在心靈與人格方面的成長有些什麼成果！

很明顯的，現在的寶寶是一個具有強烈自我意識，並且相當有「個性」的小生命。雖然目前他所展現出來的各種「動作」，大多數還是漫無目的，且相當不經心，但是寶寶的內心深處，卻正在不斷地藉著這種在「嘗試與錯誤」過程中所吸取的經驗，迅速地學習著如何來掌握與靈活運用他的四肢。

您的寶寶已經學會如何與您溝通了！當他哭的時候，他是在告訴您他餓了、濕了、受驚嚇了、不開心了，或者只是單純的太無聊了。

寶寶此時頭、眼之間也比較能協調配合，而使得他可以「隨心所欲」地用目光來追隨您的身影。

對於一般家長們來說，最值得一提的一點是，寶寶現在日常生活的飲食起居，尤其是睡眠的時間，已經說得上是相當的有規律了。

讀到這裡，不知關心寶寶的您是否也和我們一樣深深地

感覺到，看著寶寶一天一天的成長和茁壯，實在是一件美妙絕倫的甜蜜差事！

先天還是後天？

　　如果說真的是「龍生龍」、「鳳生鳳」、「老鼠生的兒子會打洞」，那麼您認為抱持著「望子成龍」、「望女成鳳」以及「孩子，我要你比我更好」想法的父母們，是否都是在做著一些遙不可及的美夢呢？

　　到底人類下一代的「品質」，是取決於先天的遺傳？還是後天的栽培呢？對於這個不斷被問了又問的問題，最好的答案是，先天的遺傳與後天的栽培，二者缺一不可、相輔相成，共同決定您的孩子是不是會比您更好！

　　讓我們先從營養學的觀點，來為您解釋先天和後天是如何巧妙而又有趣地影響著下一代的「聰明才智」。

　　人類的腦細胞，從胎兒在母體內（也就是懷孕）的第六、七個月開始，會迅速地分裂成長，不僅腦細胞的總數不斷地增加，每個單一細胞的大小也會持續地長大，使得胎兒的腦容量會不斷地擴充。因此，除了遺傳因子（先天）以外，母親在懷孕末期的營養（後天），也重要地影響著寶寶在出生時的頭圍大小、腦容量以及腦細胞的多寡。

　　在寶寶出生之後，大腦細胞會繼續快速地成長與分裂，直到孩子差不多兩歲左右的時候，腦部容量和組織的生長進度才會開始緩慢下來。等到了孩子差不多五歲的時候，腦細胞的生長可說是完全地停止下來，孩子終其一生將無法再以任何生理方式來增加其智商及腦容量。因此，在寶寶出生之

後，尤其是兩歲以前的營養（後天），對於孩子智力的成長而言，可以說是扮演著刻不容緩、不可錯失的重要角色！

而在**寶寶**其他方面的發育，我們也可以看到許多由先天和後天共同完成的結果。

首先，在**寶寶**什麼也不懂、什麼也不會做之前，他全身上下所有的肌肉和神經系統，都會先按照著一套由遺傳基因（先天）明確規定好的進度，依序發育和成熟。

當寶寶的各種生理系統逐漸成熟到某一種程度的時候，他即可算是準備好要來迎接許多外來（後天）的刺

父母有別

小嬰兒的世界是由包括了視覺、聽覺、味覺、嗅覺以及觸覺在內，許多不同的「感覺」所組合而成的。在過去幾個月以來忙碌的生活中，他正全心全意地探索著這個對他而言，由舒服與難受、饑餓與溫飽、尿片的乾與濕以及冷與熱，所共同組成的世界。

寶寶同時也懂得了爸爸與媽媽之間的分別。當他被抱著或是被人哄著的時候，寶寶可以清楚地「感覺」出爸爸是比較強壯和堅硬結實，而媽媽則是溫柔與輕巧的。爸爸的一雙大手即使是在最小心的時候，也是以一種完全不同於媽媽的方式來抱他；爸爸的臉感覺上刺刺的，不像媽媽的臉光滑細軟；爸爸的聲音比媽媽低沉許多，當爸爸說話的時候，他的胸膛內會隆隆地振動，並且還會發出回聲。

這一切的不同，都可以讓寶寶知道在這個世界上，存在有兩種不同的人，而這兩種人都可以帶給他愛與安全感。

請您千萬不可小看了這麼一層簡單的意義，因為當您的寶寶開始明白「父母有別」的時候，其實也正是他為日後與父母相處，長遠的親愛關係打下基礎的重要時刻！

激和挑戰了。而一旦您的寶寶「準備」好了，他就必須要有足夠的機會能夠鍛鍊他的新本事，這也正是後天的栽培所能扮演的最重要、也最關鍵性的角色！

在這裡，我們可以用「得天獨厚」這句話來形容那些當他們一準備好，學習和訓練的機會早就已經等著他們的小嬰兒。因為，在先天發展與後天啓迪恰當的時機配合之下，這些寶寶們會學得輕鬆自在、既快又好，並且也會爲他們接下去所要發展的能力與技巧，打好堅穩的基礎。

換句話說，如果當一個寶寶已經準備好了，但是周圍的環境卻無法及時提供他學習的機會，結果就是這個小嬰孩將會學得比較慢、比較吃力、比較沒有成果，甚至於永遠都學不會！

和其他的動物比較起來，人類的嬰兒在成長的過程中，擁有相當長的時間可以有效地訓練與發揮許多基本的「特長」。當您的寶寶像一臺小小學習機似地不斷吸收與學習的同時，他將會爲自己配備好許多包括了語言、行爲以及思想方面的基本技巧，以爲日後長遠的學習過程做好萬全的準備。

身爲寶寶「啓蒙師」的您請注意了，「打鐵要趁熱」這句話正可以清楚點出您的重要性！既然先天的部分不是我們所能改變或是補救的，那麼後天的造就，就請您千萬不可掉以輕心，以免錯失了孩子一生之中最寶貴的「進階」機會！

本書會幫助您詳實地觀察寶寶成長的進度，並且會按時提醒您，一般的小嬰兒們在什麼時候會「準備」好做些什麼活動。如此一來，您就不用擔心產生「揠苗助長」的反效果或是「亡羊補牢」的遺憾，而可以放心大膽地在最恰當的時

機，為寶寶提供最需要、也最寶貴的學習機會！

寶寶對您說話呢！

　　人類的小嬰兒幾乎是從出生的那一剎那起，就能夠對於「聲音」有所反應。剛開始的時候，雖然寶寶還沒有辦法利用自己的聲帶來回應外界的音波，但是他已經會在聽到媽媽聲音的時候，就立即停止哭鬧或是暫停手腿的揮舞！經過一些時日之後，寶寶會以一個微笑來歡迎他所聽到的聲音。而您目前三到四個月左右大的寶寶，卻是已經能夠利用他自己的聲音，來回答外界的聲浪和言語了。

　　相信您一定也已經發現到了，當有人對寶寶說話的時候，他會發出一些聲音來回答。而如果您的寶寶已經開始咕咕自語，那麼您對他所說的話，也將會誘使寶寶發出更多不同的語音。

　　雖然說寶寶在「回話」時所發出來的語音，和您對他所說的「話語」聽起來完全不相似，而使得我們沒有辦法確定寶寶是不是在試著「摹仿」他所聽到的聲音，但是值得我們注意的一點是，寶寶現在已經能夠對您說話了！當您對著寶寶說話的時候，您也可以儘量以笑容、擁抱和話語，來表達您心中愉快和肯定的情緒，使寶寶能感受到充分的鼓勵，開口說更多的話。

　　專家們都同意，一個寶寶摹仿或是反應外來語音的能力，絕大部分是決定於當他「發言」的時候，他的聽眾們是否對於他的演說產生正面的反應。

　　我們何不來想一想，究竟寶寶周圍的人，都在對他說些

什麼話？您可能不難發現到，雖然每個大人對小嬰兒說話的方式都不大相同，但是大多數的人都會採用一種非常「嬰兒化」的口吻來和寶寶說話。雖然說有些人感到這種說話的方式十分幼稚與可笑，但這對於寶寶而言，卻是相當寶貴的！

當母親運用一些重複但是具有意義的語音（例如乖乖、拍拍、媽媽拍拍小乖乖），來對寶寶說話的時候，其實是正在為寶寶無法被成人們瞭解的牙牙稚語的天地，與成人的語言世界之間，巧妙地搭起了一座溝通的橋樑。

許多父母擔心如果大人總是開倒車似地和寶寶「童言童語」，那麼寶寶的語言能力將無法正常地成熟與進步。其實這種擔心對於一歲以前的小嬰兒來說，是完全多餘的！只要家長們不要刻意在孩子已經四、五歲大的時候，還以「童言童語」的方式來和他溝通，上述這種「搭橋」的溝通方式，對於還不會說話的寶寶而言，絕對是有百利而無一害的。

🌅 體育課

中國人以「呱呱墜地」來形容嬰兒的出生，實在是極為貼切不過了。因為，當寶寶脫離了母體中由羊水環繞的飄浮狀態來到人世的時候，立即就會感受到一種物理上最大的挑戰——地心引力（也就是重力）的作用。

就好像是太空人剛從外太空失重的狀態中，回到地球來的情形一樣，寶寶的四肢、頭頸和整個身體在突然之間，都有了「重量」！因此，寶寶首先必須要認清楚的一件事實，就是在這個世界（地球）上，他所做的每一件事，都會受到他自身體重以及他所接觸物體的重量所影響。然後，寶寶必

須學會如何在這樣的環境中生存下去。

　　寶寶剛出生的時候，他的頭部占去了全身將近四分之一的體重，對於寶寶軟弱的肌肉而言，頭實在是太重了，移不動！因此，寶寶的第一節體育課，就是先學會如何「移動」（也就是運用）他自己的四肢。

　　小嬰兒最早期所展現出來，舉凡是緊握的雙拳、雙臂的揮舞和雙腿的踢動，都是一些對於饑餓或是寒冷等不舒服的事情，所產生不由自主的「反射動作」。在這個階段之內，當寶寶滿足了「溫飽」之後，他多半是會安逸地進入夢鄉中，好整以暇地享受這份適切的寧靜。然而，即使是十分幼小的嬰兒，他在一天之中也會花上幾段寶貴的時光，專門用來做一些有意義的「肢體訓練」。

　　您可以發現到的一點是，當寶寶一個月、一個月逐漸長大的同時，他每天的「肢體訓練」不但次數不斷地在增加，而且每一回花在這上面的時間也是不斷地在延長。

　　雖然在寶寶現在這個年齡，他的踢腿與揮手對您來說，看不出來有任何的意義；但是對於寶寶而言，他卻是正在忙碌地學習與瞭解他自己的身體，和一個嶄新的世界。

　　寶寶會藉著不斷地踢腿、伸腿、撐直、彎曲雙腿的機會，來仔細地體會出他兩條小腿在官能上的各種感受。寶寶同樣的也會經由雙臂在變換姿勢時所產生的不同感覺，而領會到許多屬於上肢的特性。

　　除此而外，寶寶還會逐漸地學會，當順著地心引力做事的時候（例如說什麼也不做，安靜地趴在床上休息），他會覺得比較輕鬆省力；而當寶寶嘗試著要做一些與地心引力反向而行的事情時（例如說當趴臥的時候，試著抬頭挺胸），

他會感覺到比較困難和吃力，而且之後也會比較容易疲累。

最為重要的是，寶寶經由日積月累的活動經驗，慢慢地琢磨、體會出在這個世界上，他自己和一切的「身外之物」之間，是存在著天壤之別的。

知道嗎？在寶寶的小腦袋中，有一個專門管理儲存記憶與經驗的銀行。當寶寶使勁兒踢著他的腿，或是興奮地揮舞著手臂的時候，就會有一股「心領神會」的強烈意識，像潮水般地從寶寶四肢的肌肉、關節、筋骨以及皮膚，一波接一波不住地倒流回寶寶大腦的神經系統。而在寶寶的腦中，這些經由四肢運動所回流的各種知覺，在被仔細地分門別類、歸納整理之後，會由寶寶的「記憶銀行」來妥善地收藏與保管。

而如果我們再更進一步地研究以上所述，由寶寶的四肢逆向回流到大腦的各種知覺，我們不難可以理解到，當這麼一股強大的「知覺」進入寶寶大腦的智慧中樞時，這實在是寶寶一個學習自己身體以及周遭環境的大好機會。

想不想知道您的寶寶在上體育課的時候，都在學些什麼重要的科目呢？

您三個月大的寶寶目前最努力的項目，就是藉著四肢擺動時所蒐集來的資料，建立一套他個人專屬的「行為模式」。在往後漫長的學習過程之中，寶寶將會藉著這一套「行為模式」，來發展許多牽涉到協調機能的重要技巧。在這些重要的技能之中，包括了有目的的伸手抓東西、趴臥時雙手與膝蓋的蠕動、爬行、走路和跑步。

想不到吧？在您眼中三個月大的小嬰兒，他雙臂與雙腿不時「胡亂」的揮舞，竟是將深遠地影響到寶寶日後學習走

路、跑步的重要關鍵！

　　現在您應該同意體育課的重要性了吧！身為家長的您，應該每天盡可能地鼓勵寶寶做些這方面的活動。因此，當寶寶不是睡覺或是休息的時候，本書建議您不要為寶寶包裹太多、太緊的衣服或包被。寬鬆的衣物不會限制寶寶四肢的活動，同時也可鼓勵他儘量地「自由活動」。

　　根據歐美各國專家們的建議，三個月大的小嬰兒，每天應該至少有一次的機會，讓他可以在一間溫暖、沒有風的屋子內，全身除了尿布之外，什麼也不穿，自由自在、盡情地發揮與享受他的肢體活動。根據許多家長們的經驗，當寶寶剛剛洗完澡、精神很清爽、室內的溫度也適中的時候，也正是他享受「天體運動」最好的機會。

　　身為家長的您，也可以在這一方面適當地幫助您的寶寶。當您試著很溫柔地和寶寶玩「摔跤」、「翻滾」或是「打鬥」的遊戲時，寶寶通常會因此而變得更加活潑和興奮，他的四肢也會因而揮舞得更加有勁。

　　您還可以試試其他的活動，例如說輕輕地將寶寶從平躺的位置推滾成趴臥的姿勢，然後再滾回平躺的樣子；或是您也可以輕巧地捉住寶寶的一隻小腳丫，放開，換捉住另外一隻腳，放開，然後再同時抓住他的兩隻腳，讓寶寶必須藉著雙腿踢或是抽的掙扎動作，來擺脫雙腳的束縛。當寶寶踢腿或是抽腿的時候，您不妨稍加用力，輕柔但是堅持地多抓住片刻的時間，然後再放鬆手，讓寶寶重新獲得自由的小腿可以奮力地踢上一陣子。

　　當您在進行以上活動的時候，請您千萬要記得遵守一個原則，那就是絕對不要勉強寶寶做他不願意做的事，玩他

不想玩的遊戲。如果寶寶顯得非常的彆扭、不甘願、煩躁不安，甚至於生氣大哭時，請您千萬要適可而止，以免弄巧成拙，使得寶寶對於這一類的活動從此生畏，有了反感。下一次（也許是過個二、三天）再選個寶寶體力比較好、心情也比較愉快的時候，重新來玩那些體能遊戲吧！

最後要叮嚀您的一點是，當您在和寶寶玩親子體能遊戲的時候，同時也請別忘了要不斷地和他說說話，為他解說每一個動作和步驟。這麼一來，寶寶不但會抱持著一種「好學不倦」的心情來看待他的「體育課」，同時他也會以一種遊戲的態度，來享受這段與您共處的快樂時光。

總而言之，對於一個三個月大的小寶寶而言，他的一「舉」一「動」，都是學習。

在學習的過程中，小嬰兒不僅會經由四肢不斷地運動，而學會許多重要的事情，寶寶同時也在他心智與人格成長的過程中，跨出了極為關鍵性的一步。寶寶會漸漸地明白，當他有所目的，「故意」地改變四肢和身體位置的時候，他可以「造就」一些不同的後果。就這一點而言（寶寶相信他有能力來改變他的環境），已經可以說是在寶寶自我人格的培養和自信心發展的過程中，邁出十分重要的一大步。

🖼 別動肝火

清晨三點半，這已是一個晚上寶寶第四次醒來大聲哭喊了！

好不容易您為他換好了尿片、餵了幾口奶、抱起來拍哄一陣子，寶寶總算又安靜了下來、打個呵欠、睡著了！您小

心翼翼地把他放回小床上，自己趁機上個洗手間，再回到被窩中，頭一沾枕立刻睡著了。

睡夢中，突然間您又聽到寶寶的哭聲，睜開眼睛一看，清晨四點整！第二天一早您還有重要的事情要辦，而您的另一半則繼續鼾聲大作、享受好夢！

您可以感覺到自己快要崩潰了，一股怒氣正在丹田之中翻湧，隨時都有一觸即發的可能。您恨不得能在寶寶的小屁股上狠狠地揍上兩巴掌，讓他安靜下來；您也恨不得把您那另一口子搖醒，對他大吼幾聲以洩心頭之怨！怎麼辦呢？

千萬別急著先發火！

冷靜！冷靜！冷靜！

您的寶寶可能是生病了，或是有什麼地方不舒服（例如肚子痛、中耳炎耳朵痛、被蟲咬了、床上有堅硬的物體、或是白天受了什麼情緒上的干擾），否則他不會在夜裡自己也十分想睡的時候仍然哭鬧不止、不肯休息。

保持一顆冷靜的心，仔細觀察您的寶寶，設法找出他的問題所在。別忘了，在緊要的關頭，解決問題，遠比找問題的罪魁禍首算賬，還來得重要！

如果寶寶病了，他會比平時還更加需要您細心的呵護，而不是您對他或是對家中其他成員的吼叫！

如果您此時任由心中的焦慮和怒氣繼續地燃燒，那麼您就是在浪廢寶貴的精神與體力！您的寶寶需要您能精力旺盛、全副武裝地來照顧他。因此，何不暫時按捺您的「火氣」，振作起來好好地「對付」寶寶比平時加倍的需要和照顧呢？您也許會發現到，耐心地哄哄寶寶，會比生氣地修理他要來得有效！

雖然說「養兒方知父母恩」，生養孩子有的時候的確辛苦，但是請您一切以平常心待之。是苦也好、是樂也好，好好享受與孩子共處的每一分鐘吧！

當寶寶的耳朵不痛了、尿片換乾淨了、奶粉也沖好了、所有的緊急狀況都（至少暫時）控制住了，請您千萬別急著「逃離現場」。在這麼一個難得安寧的片刻，何不好好享受一下這一「糰」充滿了希望的新生命！這種珍貴的片刻雖然短暫，但是卻可以使您抑住心中的肝火，忘卻一切的辛勞，留下甜美而難忘的回憶。

寓教於樂

對於您正在成長之中的小寶寶而言，「玩耍」和「學習」是同義詞。因此，從現在開始您為寶寶所精心挑選的每一件「玩具」，不僅是身為啟蒙師的您所必須要準備好的「教材」，同時也是塑造寶寶人格與智慧的最佳「模型」。

為寶寶準備玩具，是以多取勝呢？還是以價錢為考慮的先決條件？本書建議您，只要是材料與品質都很優良，不會對寶寶造成危險的玩具，您都可以在確認玩具對於寶寶的教育意義之後，再考慮是否要購買。本書同時也認為優良的智慧型玩具，不見得一定是買回來的，如果您願意花一些心思和時間，您的寶寶將可以擁有比世面上所有的玩具還要安全、具有教育性質的「教具」，來豐富他漫長的學習生涯。

本書會陸續為您介紹一些，您可以親手為寶寶製作的簡單又富有教育意義的玩具。以下我們就要教您如何為您三個月大的寶寶，動手做他的「第一件」可看又有其他多重功用

的玩具。

　　這是一個類似秤桿的旋轉玩具。

　　首先，您必須先找好一個可以懸掛這個玩具的支點，而最簡單的方式就是先在寶寶的小床上固定好一根橫軸（可用木製的長尺代替）。接下來，您可以利用家中保鮮膜用完之後，中央的硬紙捲軸做為旋轉玩具的骨架，找一段粗毛線，將硬紙軸從中心點的部位，懸垂著綁在木尺的下方。如果您用其他的材料來取代木尺、硬紙捲和粗毛線的話，請您注意不要使用尖銳、易破成碎片的材料。

　　接下來的部分，您就可以自由發揮了！您可在硬紙軸的兩端，任意垂掛（綁上）一些寶寶雙手可以抓得住的小玩意兒。譬如一邊可以掛個小布娃娃，另一邊則可以掛上搖鈴。您也可以每隔一陣子就換一些花樣，例如寶寶自己的小襪子、奶嘴、橡皮鴨，只要是大到寶寶的小嘴裝不下的小玩具都可以。

　　您同時也可以注意的是，寶寶可能會對顏色鮮豔、明暗對比強烈的東西比較有興趣。因此您不妨在小白襪子上繫一個鮮紅色的蝴蝶結，或是在單色的玩具上用無毒的簽字筆畫朵小花。

　　當您完成了這麼一件簡單的旋轉玩具之後，您可以把它掛在寶寶平躺的時候，前胸或是他一伸手就可以抓得到的高度。然後您會看見，寶寶開始用他新近才張開沒有多久的小手掌，揮打那些垂掛著的玩具。

　　值得您小心觀察的一點是，在您的寶寶滿四個月之前，

他應該會開始用一種十分笨拙但是非常堅決的方式，在他的小手稍稍碰到懸垂著的玩具之後，就立即收攏起五隻小手指頭做出「抓住」玩具的動作。

經過了多次的嘗試，在寶寶的手終於能夠牢牢地抓住晃盪中的玩具之後，寶寶會不由自主（反射性）地，把這個玩具送到他的小嘴巴中，然後用嘴唇和舌頭來仔細地研究這個「物體」。

三個月大的寶寶還不會「主動」地放棄他口中的玩具！但是當寶寶同時又被其他的東西所吸引住的時候（例如媽媽親切呼喚的聲音），他的小手會自動地放鬆，而讓口中的玩具「彈」回半空中。

也許經過一段短暫的時間，寶寶又會重新被這個在半空中飄盪著的玩具產生了興趣，而再度試著把它抓到嘴巴中。

以上我們所為您描述的，正是在您教育寶寶的過程中第一個重要的里程碑：也就是使寶寶的手、眼、感覺、味覺和思想，能夠在同一個時間之內，為了一個共同的目標而協調合作，達到手眼腦心，甚至於五官感受融洽並用的境界。

除此之外，寶寶逐漸成形的一個更為重要的概念就是：凡是在寶寶「自我身體」之外的物體，不僅僅是看得到的，是真實、可以觸摸得到的，而且還是永久存在、不會消失的。

請您千萬別小看了這麼一個小小的概念，因為這種「認知」的能力，能夠幫助寶寶在聰明才智的發展過程中，對即將面臨的挑戰，能應付自如、輕鬆過關！（此處所謂的挑戰，指的是寶寶如何去發現一切事物所存在的目的，以及他應該如何適當地來運用這些「物體」。我們將在「第四個

月」的內容中為您詳盡地解說。）

現在一般的市面上，也有很多類似我們所描述的旋轉玩具可供您選購。在這些旋轉玩具之中，多半是有四、五樣玩具同時懸掛成一橫排，或是像走馬燈似地圍繞成一個小圈圈，有些還配有音樂發條、分段變速，甚至於定時裝置可供您隨意操縱。

對於這些市面上的旋轉玩具，雖然它們一樣也可以達到上述教育寶寶的目的，但是本書建議您，如果能抽出半個小時的時間，不妨還是親自為寶寶做一個旋轉玩具，因為自製的旋轉玩具還是有以下的一些（市售玩具所無法提供的）優點。

第一點，您可以為寶寶經常更換硬紙軸上的玩具。我們建議您至少一個星期換一次，而如果您的寶寶很快就對某些東西失去了興趣，那麼您就應該要更加頻繁地更換玩具。

根據我們的經驗，「過度刺激」寶寶的注意力，會使寶寶產生不勝負荷的感覺，因而從此喪失了對於學習而言很重要的一個心態——好奇心！最好的方法就是，一次只掛上少數的幾樣玩具，但是要能夠經常地翻新紙軸上的花樣，以新鮮的物體來吸引住小傢伙的注意力。

另外一個好處就是，不經由電池或是發條所控制的旋轉玩具，可以讓寶寶更加準確地感受到速度，以及速度和寶寶之間的變化，寶寶可以比較容易用雙眼的視線來捕捉住物體移動的方向。您用硬紙軸為寶寶所準備的旋轉玩具，也比較能夠實際而有效地拓寬寶寶的視野。

最後一點，我們為您介紹的旋轉玩具，不僅經濟、實惠，還可以廢物利用，發揮您的愛心和想像力，根據寶寶的

喜好，共同創造出一件獨一無二、寓教於樂的親子玩具。

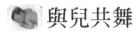 與兒共舞

　　有何不可？小嬰兒可以經由方向、位置的移動而學到許多的事情。每一次當寶寶被抱起來、舉起來、扛在大人的肩上，有人幫他穿衣服、換尿片，以及當他自己的身體有所移動的時候，都是一種寶貴的學習經驗。

　　在「邀舞」之前，您必須要清楚的一點是，寶寶目前的神經系統還沒有完全發育好，巨大的聲響、突然的加速或是短暫地失去支持（失重），對於寶寶而言都是非常恐怖的。寶寶是十分容易受到驚嚇的！

　　對於寶寶而言，輕柔而有韻律的動感是舒服的。這也是為什麼當您抱著他邊走邊搖的時候，他會逐漸地安靜下來，甚至於進入夢鄉。

　　「共舞」嗎？是的，共舞！寶寶現在雖然還無法從快速或是驟變的移動中學會什麼事情，但是他絕對可以藉著柔和、有節拍地改變位置，而學到一些寶貴的經驗。

　　如果您自己喜歡跟著音樂的節拍而活動，如果您喜歡跳舞，那麼您的寶寶當然也一定會喜歡的。何不找一些輕鬆而且旋律分明的曲子，流行歌曲也好、華爾滋也好，溫柔而且安全地抱好您的小寶寶，然後開始跟隨著音樂，或前或後、或左或右、或扭一扭腰、或轉個圓圈，和您親愛的寶寶來上一小段「貼面舞」？

　　除了您和寶寶共同感受到的歡愉之外，當您擁著寶寶翩然起舞的同時，您的舞步也會不斷地刺激著深藏在寶寶內耳

之中、專司平衡的感應接收器。這種由中樞神經系統在生命早期所接受和所烙印下的各種不同經驗，將會在日後有效地幫助寶寶在學習坐、站、走和跑的時候，成功地發展出他所需要的方向感、速度感和平衡感！

再告訴您一個小秘密，如果您在抱著寶寶和踩著舞步的同時，還輕輕地跟著節拍哼著曲調兒，那麼抱在您懷中的寶寶，還可以接收到經由您胸腔的起伏所傳達出來的音波的震盪，因此而感受到另外一種的刺激。

最後一點，就是如果您是個愛跳舞也享受跳舞的人，那麼當您與寶寶共舞的時候，您自然而然流露出來的快樂，也會經由您和寶寶身體上的接觸，而完全地轉移到寶寶的心中。因此，我們建議您能夠在一天之中多抽出幾段時間和心情來，利用甜美的音樂和溫柔的韻律，好好地營造、並且享受您和寶寶之間這份溫馨的交融！

愛他就是教育他

根據許多有關於兒童心理學方面的研究結果顯示，寶寶的父母與家人對於他的「存在」所抱持的反應與態度，直接影響與全權操縱著小嬰兒心靈、智慧與人格方面的發展。

簡單的來說，如果寶寶的媽媽、爸爸或是任何一位照顧寶寶的人，能夠在他哭的時候，立即有所舉動來反應他的哭聲；當他笑的時候，回報一個知心的微笑；開心的時候陪著他玩、對著他說話，那麼這位幸運的寶寶在他一生的學習過程之中，不僅能夠學得很好，更會學得既快又多。

一個充滿了「愛」的環境，不但能夠幫助寶寶成長，同

時也能幫助他在心智方面各種的發展。

我們並不是認為身為家長的您，如果希望寶寶一天比一天更加的聰明，就應該儘量地在最短的時間之內，努力地去滿足寶寶所有的需要！我們真正想要強調的一點是，所有的人——包括了那些只有三個月大的小嬰兒在內，都需要有人去關心、去注意他，都希望在當他有所需要的時候，能夠有人來瞭解他的困難、來幫助他解決問題。

現在，就讓我們一起來分析一下，小嬰兒在一個充滿愛的環境中的學習過程！

當一個三個月大的寶寶感覺到不舒服的時候（餓了、冷了或是尿濕了），他會哭；然後他的父母（或是照顧他的人）會來，試著去找出他不舒服和哭的原因；會設法解決這個問題（餵一些奶、加一床小被子或是換一片乾淨的尿片）；會抱起他來親一親、拍一拍；會對他說一些安慰的話。這下子寶寶就心滿意足了！

而如果寶寶的父母總是持續地以上述的行為模式來反應寶寶的哭聲，聰明的寶寶會很快地學會一套關聯：不舒服了→哭→爸爸媽媽→又舒服了。

在這麼一個過程之中，有兩項重要的學習也同時在進行。首先，寶寶學會了當他做某一件特定的事情（哭）之後，會引起他的父母也去做一些事情（例如換尿片）。

其次是，寶寶開始有一種比較綜合與總結方面的學習進度。也就是說，當寶寶一旦學會開始期待某些因為他的需要，所引起的特定反應時，他就會（試著去進行下一步）主動地嘗試一些新的「作風」，藉此來引發父母新的「反應」！

　　這也正是寶寶學會「因」與「果」關係的第一步。寶寶的心中會開始想：「我哭，媽媽會來，那麼如果我試著踢一下腿，不知道媽媽會有什麼反應？」

　　自然而然的，對於一個總是哭了而沒人理會的寶寶而言，不僅無法很快學會「他自己的作爲可以影響到別人對待他的方式」，他甚至可能永遠無法理解到這其中的因果關係。

　　換一方面來想，我們也不建議父母們過分保護、照顧小寶寶。因爲如果一個小嬰兒連偶爾哭一哭（不舒適、不滿足）的機會都沒有的話，他將更不會有機會來學一學他自己（因）和父母的反應（果）之間的關係了。

　　寶寶心中「只要我做一件事，另外一件事一定會因此而發生」的簡單念頭，不但將在日後成爲孩子自信心的最佳保證，同時也可奠定好孩子「願意去做一些事情，來達到目的」積極且進取的人生觀。

　　反觀那些心中記得「我做了一件事，但是什麼也沒有發生」的寶寶們，他們長大了之後，就比較容易放棄，輕易地被失敗所征服。

　　身爲家長的您所能送給寶寶最寶貴且無價的禮物，就是爲寶寶提供一個充滿了愛和回應的環境，使寶寶能夠肯定自己的重要性，並培養出一份有能力改變環境的自信心。

―――――――――― 提醒您 ―――――――――――

❖儘量讓寶寶有和躺著一樣多的機會採取趴臥的姿勢！

❖有沒有試試控制一下自己的火氣？

❖旋轉玩具做好了沒有？

❖有沒有請寶寶跳支舞？

迴　響

　　我實在是忍不住要在我寄出續訂通知的時候，讓您們知道我們是多麼的喜歡《教子有方》這份刊物。

　　經由您們每月一期的精闢內容，我們懂得了如何由兒子的眼中來觀察這個世界，也因此有了育兒方面更多的心得。

　　我還想要告訴您們，我相信《教子有方》的作者們一定是一群充滿愛心、了不起的專家。

　　一個人的童年是如此的重要，正如家父經常說的一句話：「種瓜得瓜，種豆得豆。」

　　謝謝您們幫助了我們學會如何栽種我們的小豆苗！

唐太太（美國賓州）

第四個月

098
0歲寶寶成長心事

邁入新的一季！

　　轉眼您的寶寶已經四個月大了！在過去的這一段時間之內，您自己的心態可能也有了極大的轉變。從寶寶剛出生時的興奮、喜悅，到日常的生活因為突然增加的許多負擔（尿片、奶粉、睡眠不足等等），而混亂、疲憊不堪。隨著寶寶一天、一天地長大，您開始為了他日漸重要的教養問題而操心不已。回想在短短幾個月之內的心路歷程，大多數的人心中都會油然升起一種「父母難為」的感慨！

　　然而，如果我們換一個角度來看這整件事的話，您會發現寶寶同樣的也在短短的一季之中，發生了極大的轉變。也就是說，您為寶寶所付出的心血是有重要而且實際成果的。

　　只要您稍微回想一下，寶寶在四個月之前剛剛來到人世間的時候，是多麼的纖小和充滿了睡意，然後再和

四個月的小寶寶喜歡做的事：
・用雙手撐起上半身。
・翻身。
・平躺的時候，兩隻小腳交替著在半空中踢。
・凡是雙手能夠抓到的東西，都放在小嘴中認真地啃。
・興味十足地喃喃自語。
・洗澡時手舞足蹈地拍水。
為寶寶提供以下的項目：
・許多可觀察與研究的不同物體（球、積木、搖鈴等）。
・更多懸垂在半空中可用手或腳去揮打的玩具。
・押韻、節奏分明的音樂。
・變化室內與室外的「景致」。

眼前這麼一個充滿了生命、一雙眼睛清澈有神、不時地對著您微笑、小嘴不斷地出聲的小傢伙來比較一下的話，您將不難發現到，在您與寶寶所曾經共處過短短的一段時日之中，小寶寶所經驗到的進步與發展，不僅是遠遠超過您本身心路歷程的轉變，他從頭到腳的每一個部分，都正在以一種極為驚人的速度不停地成熟、分化與日臻完善！

到目前為止，您四個月大的寶寶已經發展出了許多關於運動系統以及感應機制方面的技巧。也就是說，寶寶在聽覺、視覺、觸覺以及運動肌肉各方面（自主）的控制，都可算是達到了相當成熟的程度。寶寶已經逐漸開始會同時運用他所能掌握住各種不同的功能與器官，而做出許多有意義的舉止與動作。

然而，就好像是一輛汽車的各個裝備與零件都已通過測試、製造完成，但是如果不能拼湊成一個整體，還是無法行駛似的，以上所提到的這些重要的發展，在過去的這一段時日之內，似乎都還是停留在一種「各自為政、互不往來」的階段。

因此，有待於寶寶在未來繼續努力的重要方向，就是如何使上述這些單獨成長的器官與不同的系統，能夠互相融合、共同發展成「一個」運用自如、完整的個體。

在這裡我們先舉一個有關於分工合作的簡單例子：當寶寶聽到熟悉的聲音（聽覺）時，他會把頭轉向聲音的來源（肌肉的自主控制），試著去看（視覺）清楚發出聲音的人或是物體。

請您先不要小看了這麼一段發生於短短幾秒鐘之間的動作！因為在這些看起來輕鬆

自然、先後有序的舉止之間，所牽涉到錯綜複雜的訊號傳遞與協調反應，即使是最進步、最高科技的電腦，也是無可比擬的。

當您在往後的幾個月之內，看著寶寶的一雙小手逐漸從不自主的反射動作，發展到由雙眼、雙耳支配自如的程度時，您將會明白寶寶的成長，已經成功地達到了「共鳴」的地步。所有的功能，都由一位完美無瑕的指揮家（大腦）所主導著，同心協力演奏出一曲美好的「人生交響曲」！

聽與說

從您四月大寶寶的小嘴中，已經可以「說」出很多的話與發出許多不同的聲音了。但是，寶寶目前最重要的課題，卻是要學會如何能唯妙唯肖地「模仿」他自己所發出來的聲音。

怎麼說呢？根據學術上的解釋，我們每一個人在初學一種語言的時候，都必須要設法在大腦的記憶中，儘量地輸入與儲存許多所謂的「聽說律動的範本」，以為日後的語言能力打好基礎。

舉個最簡單的例子來說，大多數的人在學英語的時候，習慣對著錄音機練習發音，然後再放出來聽聽是否正確。如此反覆不斷地練習，直到發音清楚、標準為止。您四個月大的寶寶也是同樣的，他會努力地利用每一個機會，重複他所發出來的每一個聲音，試著去揣摩「聽到的聲音」（聽）與「他所發出來的聲音」（說）之間是否相似。

我們也可以用另外一個例子，來為您解說寶寶這種練習

「模仿自我發音」的重要性。天生耳聾的小寶寶們,他們會和一般正常的寶寶們在差不多相同年齡(三、四個月左右)的時候,開始不斷地發出各種不同的「語音」。然而不幸的是,這些耳聾的寶寶們不但無法聽到他們自己所發出來的聲音,他們更加無法體會出,當口腔肌肉改變發聲的方式之後,所發出來的聲音聽起來也會有所不同的「成就感」。因此這些耳聾的寶寶們,會逐漸放棄嘗試「創造」新語音的努力,減少了他們大腦中所記載「聽說律動範本」的存量,因而導致日後「因聾而啞」的不幸後果!

現在,讓我們一起來想像一下,當一個聽力正常的小寶寶發出一聲好像是「母」的聲音時,會發生些什麼情況?

寶寶出聲的原因是他餓了!他發出一個聲音,緊接著媽媽就帶著奶瓶出現了。寶寶不僅僅可以看得到、聞得到、觸摸得到、並且能嚐得到奶水的滋味。同時,媽媽的出現也給他帶來無比的舒適與安全感。媽媽的臉孔是愉悅微笑的,媽媽的雙手是溫柔安撫的,而媽媽的聲音更是充滿了關懷與愛意。

很快的,當以上這幾件事情按著一定的順序不斷重複地發生之後,寶寶就會在他小小的腦海之中,把這些事情全都依序連貫起來(餓→出聲→媽媽→奶)。而這重要的「聯想」能力,也正是寶寶語言發展的過程中最具關鍵性的第一步。

在您的寶寶還無法真正「說話」之前,四個月的他現在已經能夠用一些沒有聲音的「肢體語言」,明白而清楚地向您表達他心中的不滿。

您不妨找一個機會試試看。當寶寶已經飽了、而您仍然

要強迫他多喝一些奶的時候，寶寶會有些什麼樣的反應？一般而言，大多數的寶寶除了會拼命地用舌頭把奶嘴吐出來之外，還會一邊嘟起小嘴、一邊用力地左右搖頭，用這些明顯的舉動來告訴您：他已經飽了，不想再喝奶了。

除此以外，我們還要提醒您的一點就是，您四個月大的寶寶，已經悄悄地學會了「察言觀色」的本領哪！

別再以為您的小寶寶只是一個「什麼也不懂」的小嬰兒。其實，四個月大的寶寶已經能夠清楚地分辨出，您對他說話時的語調是愉快或是生氣的，對於凡是接近他的人，寶寶也可以感覺得出此人的意圖是友善或是敵對。

因此，當有人用愉快而且親切的語氣對寶寶說話的時候，寶寶會即刻以「好聽」的語音，來表達他內心所感受到被關愛的喜悅。相反的，如果您有的時候（即使是開玩笑地）以尖銳或是兇狠的聲音對寶寶說話，那麼用不了一秒鐘的時間，寶寶不但會傷心地大哭了起來，有的時候更會委屈、難受地嗚噎上好一陣子哪！

奉勸您，當寶寶還只有四個月大的時候，盡可能地讓他有多多練習「好聲好氣」表達自我感受的機會，早日培養他樂觀、開朗的「好脾氣」！

該怎麼去做呢？請您和寶寶周圍的親人們在照顧寶寶的時候，能夠儘量控制住偶發的壞脾氣，盡可能好好地對寶寶說話。即使是在開玩笑的時候，也不要出言不遜，而在不經意之間傷害了寶寶幼小的心靈，影響到他一生個性與人格的發展。

最後我們想說的是，「工欲善其事，必先利其器」。一個口齒清晰、語言流利的人，他唇、舌、聲帶與口腔肌肉之

間的配合與協調，必定是發展得成功而又有效率的。

當您四個月大的寶寶每一次喝奶、吸奶嘴以及吃手指頭的時候，也正是他鍛鍊日後語言能力、發展口腔唇齒協調機制的第一步。因此如果寶寶喝的是母奶，請您在他喝奶的時候千萬不要心急，要讓他能從容不迫、慢慢地吸。寶寶如果喝的是奶瓶的話，也請您要留心奶嘴的長度與流量，以免對寶寶日後語言能力的發展造成不良的影響。

分工合作

您的寶寶現在對於每一樣他的小手能夠掌握到的東西，都會十分感興趣地仔細觀察與研究。

不僅如此，寶寶各個感官的功能，也會爲了達到一些共同的目的，而逐漸開始「分工合作」、發揮團隊的精神，不再像過去「分工但不合作」時那般，同一樣東西，眼睛看到的、雙手觸摸到的、耳朵聽到的和心裡面眞正想到的，都是完全不同的形式。以下我們就爲您舉幾個例子，來說明五官與四肢的「分工合作」，在寶寶成長過程中所扮演的重要角色。

請您先回想一下，是否曾經有過當面對著一個未拆封的包裹時，您會先試著掂一掂包裹的重量，聽一聽它在搖晃時所發出來的聲音，猜一猜裡面包的是什麼東西，然後再打開包裹來看一個究竟？

接下來，讓我們一起來假想當您的雙眼都被矇住，而要試著去猜出一樣放在桌上的物體是什麼。這一件物體摸起來像是一臺照相機，卻又不斷地發出類似時鐘「滴答」的響

聲！您是否猜得出來，這到底是一個做得像照相機的鐘呢？還是一臺能上發條的照相機呢？

　　相信您現在已經能夠肯定五官與四肢和諧並用的重要性了！您也許「摸」得出物體的外形是照相機，或是「聽」得出它會發出時鐘的聲音，但是除非您能夠親眼「看」個清楚（也就是手、眼、耳與心能夠共同合作），否則您永遠也無法弄清楚這件物體的真相。

　　以下我們還有一個更加直接與貼切的例子，可以確實地為您指出，「分工合作」對於成長中的寶寶而言是如何的重要。

　　在臨床上，我們有的時候會遇到一些被診斷為「先天性白內障」的病歷。患有這種眼疾的小嬰兒們，他們眼睛內的水晶體天生就是混濁不清。因此這些寶寶們就彷彿是身處在濃霧中一般，不僅光線被阻擋無法進入眼球之內，甚至於連物體的輪廓與形狀，也完全沒有辦法進入眼簾。這些不幸的孩子們可以說是處於一種完全失明的狀態！（別擔心，您的寶寶在出生的時候，小兒科醫生就會為他檢查雙眼的視力！）

　　過去曾經有一些患有「先天性白內障」的人，在他們長大成人之後，才藉著手術矯正與治療他們的白內障，而重新獲得了光明。然而，令人大為吃驚的是，在這些患者重見光明之後，雖然他們會因為初次「看」到這個世界而感到興奮，但是他們卻不知道如何、也無法真正地運用他們寶貴的視力，反而造成一種「有看沒有到」的遺憾處境！

　　怎麼說呢？現在讓我們試著設身處地來想一想！這些不幸患有「先天性白內障」的朋友們，在有幸接受手術治療之

前的生活中（也許是十、二十年，甚至於三十年），早就已
經學會如何不依靠視覺而生活。也就是說，對於他們而言，
周遭所有的事物和這整個的世界，都是由視覺以外的感覺
（例如嗅覺、聽覺以及最重要的觸覺）所組合拼湊而成的。

　　因此，當這些朋友們在手術成功、重見天日之後，雖然
擁有了與正常人一般的視力，但是他們的大腦卻完全無法在
雙眼「看到」了一件（即使是十分簡單的）物體的時候，從
而「憑空」辨認出這件物體來。

　　對於視力正常的人而言，相當有趣的一點是，這些初次
擁有視力的朋友們，剛開始的時候，不論他們做任何事情，
總還是完全依賴雙手的觸覺。他們的雙手就像是蝴蝶的觸角
一般（還是像失明的時候一樣），不停地探索周圍的事物、
感覺物體的質料以及辨認各種不同的形狀。也許您會問：
「為什麼他們還要捨易求難、動手而不動眼呢？」答案很簡
單，他們的觸覺（而不是視覺）可以為他們成功地辨認出物
體的形象！

　　事實上，即使是簡單到要運用雙眼的視力來分辨出一個
橘子的形狀是方形還是圓形，這麼一件想來再自然也不過的
小事，對於初次運用視覺的朋友們而言，也是極為困難的。

　　他們需要花上好幾天的時間，先靠著「手眼並用」的練
習，然後才能逐漸地「學會」如何能一眼就「看」出，月亮
是圓的、公共汽車是方的、星星是有尖角的。

　　這一段重要的「學習」過程，是這些患者在嬰兒時期視
覺有障礙的時候，絲毫未曾經驗過的。因此，當他們在成年
後真正擁有了視力時的第一件事，就是盡快設法「填補」這
一道學習過程中的「鴻溝」。而這種由聽覺、觸覺、嗅覺共

同「引導」、「訓練」視覺學習與發展的過程，有的時候可能要經過好幾個星期、甚至於好幾個月的時間，方才可以達到「只要瞄一眼，就可以心領神會」的境界！

談到這裡，相信您已經能夠明瞭在生命的早期，五官、四肢功能均衡的發展、正確的分工合作，對於孩子長大之後成為一個「眼明手快」、「反應靈敏」的成人而言，是扮演著多麼具有關鍵性的重要角色！

您的寶寶在過去三個多月以來，都是生活在一種「迷迷糊糊」、「混沌不清」的世界中。別緊張，這並不是因為寶寶的視力、聽力或是皮膚的觸覺發生了問題，（事實上，寶寶五官的功能以及四肢的靈敏度，在短短的三個月之內，早就以一種驚人的速度，發展到相當成熟的程度），而是這些由「各司所長」的感官所接收到的單一訊息，還沒有辦法像拼圖一般地在他的腦海中，組合成一幅完整而有意義的形象。

請您試著回想一下在過去的三個月內，當寶寶的小「手」中被塞進一件小玩具的時候，有多少次寶寶是連「正眼」也懶得去看那件玩具一眼的？您也可以再回想一下，又有多少次當寶寶「聽」到一聲巨響而嚇得大哭的時候，他會把頭轉向聲音的來源，而「看一看究竟」呢？

我們成人有的時候也許還能夠憑著過去的經驗，閉上眼睛「猜一猜」手中握著的或耳朵聽到的是什麼東西。但是對於您的寶寶而言，目前他不僅完全沒有任何「過去的經驗」，可以讓他憑著僅由單一感官所感受到的訊息（手中的玩具、突發的巨響），來「推測」出物體的全貌；而在一件物體無法經由所有的感官，分工合作、共同地在寶寶的腦海

中展現出全貌之前，寶寶甚至於無法確認這一件物體是否是真正的存在。

在未來的幾個月內，寶寶會經由「手眼並用」反覆不斷地練習，而逐漸發展出這件東西「就是在那兒！」的概念。更重要的是，寶寶也會經由反覆、「多方面」地接觸到一件物體之後，初次領會到「物質不滅」的道理！

寶寶從四個月大左右時，會開始學習一件物體，即便是在看不見的時候，依然是「永久存在」的道理！而這種寶寶要到差不多九個月大的時候，才會完全領悟的觀念（物質不滅），是寶寶一生之中所必須培養出來，許多早期重要的「抽象意識」之一。並且，也唯有在這個觀念正確而完整地發展完成之後，寶寶才有能力發展出許多更高深、更重要的意識（例如因果關係）。

寶寶日記的重要性

對於家中有小嬰兒的父母與家庭而言，寶寶的各種轉變，似乎總是快得令人招架不住。俗語說的好：「一眠大一吋」，您是否也經常會在恍惚之間，發現那個每一個清晨從沉睡中醒來的小傢伙，看起來已經和前一個晚上您把他放上床的時候，不大一樣、又長大了一些呢？

許多父母最常有感而發的一句話就是：「小孩長得太快了！」轉眼之間，您的小寶寶將會長大，您的生活也會恢復到多年之前的平靜，而這忙碌的第一年中，所有的記憶與印象，只有從一疊又一疊的相片，與一件又一件穿不下的小衣服中，去尋找蛛絲馬跡。到了那時，您的心中是否會產生些

許悵然、若有所失的情緒呢？

對於大多數想要「捕捉」寶寶第一年美好時光的家長們而言，為寶寶記下一本專屬的日記，似乎是最好的方法了！您在寶寶的日記中，不僅可以記錄每一個重要的日子（生日、第一次睡過夜、自己抱住奶瓶喝奶、叫媽媽、吃固體食物、學走路等等），同時您也可以盡情地記下寶寶在每一個平凡的日子中，一個會心的微笑、一個心情愉快的下午或是媽媽的一段感想（例如「我是全天下最幸福的媽媽！」）。

在這裡我們要特別強調的一點，就是寶寶的日記不僅僅只是一份感性而且珍貴的回憶錄而已，它經常還可以在寶寶生病的時候，提供給父母與醫生許多寶貴的線索。最重要的還是，這本日記同時也是寶寶成長與發展的過程之中，一份完整而正確的紀錄。

和一個剛剛出生的小嬰兒比較起來，四個月大的寶寶，已經「改變」得太多、太多了。因此我們建議您，如果還沒有開始為寶寶建立某種形式的紀錄，那麼不妨就從現在開始，為寶寶早期的生命旅程，忠實並且客觀地記錄下每一個重要的「里程碑」。

為寶寶記日記有許多種方式，大多數的人習慣於隨心所欲、記流水帳式的方法，不時地寫下一小段或者只是幾句話的紀錄。也有些家長們，乾脆就採用在照片本中，每一張相片旁邊加貼標籤，註解日期、說明與感想，一舉兩得的方法。近來更有一些新式的做法，那就是採用家庭式的手提攝影機，隨時隨地拍下寶寶各種珍貴的畫面，錄影時打上日期、加上旁白，然後再將錄影帶按照先後次序收藏。

不論您（打算要）採用的是哪一種方法，我們都建議您

一定要根據以下我們所為您列出的「成長里程碑」，隨時隨處仔細地觀察您的小寶寶，然後再客觀並且公正地記載下寶寶達到每一個「里程碑」的年齡（也就是日期）。

四個多月大的小嬰兒絕大多數的小嬰兒在這個年齡的時候，都還沒有發展到「成長里程碑」之中的任何一個項目。而我們之所以現在就為您準備好這一份清單的目的，是因為您的寶寶即將在未來的二、三個月之內，迅速地發展出清單中的每一項功能。

我們希望您能比寶寶早一點準備好，如此您才能夠胸有成竹地知道在接下來的二、三個月之內，應該要特別注意觀察寶寶哪些方面的成熟與發展。這麼一來，您就能在寶寶第一次展現出這些能力（成果）的時候，即時地為寶寶記錄下一份完整而寶貴的「成長日記」。

最後我們想要提醒您的一點是，每一個孩子成長的速度與順序都不完全相同。就好像是同一批種下去的小樹苗，有些先長枝條、而有些則先抽新芽一般，您的寶寶自有他成長的進度！

請您千萬不要因為寶寶成長的速度，跟不上您為他所決定的進度而擔心失望！等再過一陣子，我們將會詳細為您討論在什麼時候、寶寶哪些方面成長進度的遲緩，才是真正值得您的注意！至於目前您所最應該做的，就是「放鬆心情，好好地享受您的寶寶」。

 成長與學習

現在，何不讓我們一起仔細地來觀察您四個月大的小寶

成長里程碑

請您詳實地記載寶寶「第一次」獨立完成以下各種項目的年齡與日期。

年齡／日期	活動項目
＿＿＿＿＿	（平躺時）：雙臂動作一致地揮舞。
＿＿＿＿＿	（平躺時）：將兩隻小手握在一起，一起舉到小臉的正前方，用雙眼仔細地觀察與研究。
＿＿＿＿＿	（平躺時）：雙腿輪流或是一致地，在半空中用力地踢。
＿＿＿＿＿	（趴臥時）：將小腦袋強而有力地撐得高高的，小臉向正前方。
＿＿＿＿＿	（趴臥時）：用雙臂成功地支撐起頭、頸、前胸以及上半身。
＿＿＿＿＿	由平躺翻身成趴臥。
＿＿＿＿＿	由趴臥翻身成平躺。
＿＿＿＿＿	當有人扶住肋骨部位的時候，寶寶可以坐得好好的，同時還能穩定地把頭抬得高高的、脖子撐得直直的。

寶，在他短短的學習過程中到底學會了些什麼本事？而他在未來的幾個月之內，又應該要學會哪些心智、體能方面的科目，方才能夠達到上文中我們所曾經討論過的「成長里程碑」？

讓我們先從寶寶的一雙小手開始談起。首先，相信您一定早就已經（非常得意地）注意到了，現在凡是出現在寶寶視線與雙手碰得到範圍之內的東西，寶寶都會主動地伸出小手，有目的地伸往這件令他感到十分好奇的物體。

其次，寶寶現在也不會再如同過去由反射機制所控制的時候一樣，雙手在緊握成拳頭的當兒，「一不小心」剛巧把

心裡所想要的玩具，握進了手掌之中。相反的，您的寶寶現在已經可以相當自主地把物體「抓住」，並且他還可以輕易地從您的手中，「接過」一件他的小手可以拿得住的物體。

此外，寶寶的十隻小指頭也已經發展得相當的靈活了。他不僅能夠成功地把東西抓在手掌之中，並且還能靈巧地運用手指頭與手掌之間相對位置的改變，好好地「拿住」一個小圈圈、一隻小鉛筆或是一個小波浪鼓之類的玩意兒！

有趣的是，一旦寶寶的小手中抓住或是拿著一件物體的時候，他一定會立刻把這件東西「交到」他的小嘴巴之中，然後用舌頭與嘴唇繼續來「研究」這件物體。

大多數四個月大的寶寶已經會把兩隻小手握在一起，運用一隻手的手指，來探索與研究另外一隻手。如果您的寶寶還沒有開始這麼做，您也不必著急，因為很快的，他必定會開始這種雙手互握、互相研究的活動！

請您千萬別小看這個看來類似作揖的行為，因為這其實正是寶寶藉以「認識自己」，非常重要的一種學習過程。例如說當寶寶的右手握住左手的時候，他的右手會捏，左手會感覺得到痛；他的大腦會告訴自己，捏的結果就是痛。更重要的是，寶寶會因而發現到，他雙眼所見到的兩隻手，右手中所捏住的，以及讓左手感覺到痛的，全部都是屬於他自己身體的一部分。

對於寶寶而言，當他一旦察覺出他自己和所有的「身外之物」之間，竟然是如此的不相同的時候，他就會好像是當初哥倫布發現了新大陸時似的，興奮地不斷「試驗」他的雙手。有的時候寶寶甚至於還會花上好幾個小時的時間，就是為了想要弄清楚，這一雙屬於他自己、由他任意操縱的手，

到底能夠做些什麼事？

　　總而言之，寶寶現在所面臨一個很重要的課題，就是要學會如何分辨出「自我」與「非我」之間的差別。每一次當寶寶伸手去觸摸一樣物體的時候，他必須能夠極端敏銳地分辨出，除了「摸到」的感覺之外，是否同時還會體驗到一種「被摸到」的感覺！

　　如果寶寶摸到的是他自己身體的一部分，那麼他必然也會接收到一種「被摸到」的感覺。寶寶就是經由這麼一個簡單方式，而培養出一些極為原始的「自我意識」！

　　也正是因為寶寶逐漸地產生了一種「我」的概念，再加上現在寶寶睡眠（清醒）的時間已較過去大為縮短（延長），因此雖然只是四個月大的寶寶，卻已經會因為想要「與人交往」，而開始嘗試「引人注意」的舉動了！

　　當寶寶清醒但是沒有人來理他的時候，他也許會自己先玩上個一陣子，但是當寶寶「突然」覺得「孤單」的時候，他會竭盡所能地發出各種的訊號（哭、叫、踢、揮手或是同時發作），希望能因此而為自己製造一些「社交」的機會。

　　聰明的家長們通常很容易能分辨得出，寶寶在要「人」的時候所發出的哭聲，其實是和他在要「喝奶」或是要「換尿片」的時候所發出的哭聲，是明顯不相同的。

　　現在讓我們再來研究一下寶寶在其他方面的進展。

　　當寶寶平躺的時候，他的小臉大多數是面對著正前（正上）方，寶寶也會不時地把頭向左、右兩側轉動。在前幾個月時我們不斷提到的「強直性頸部反射動作」，現在已從寶寶身上永久地消失了。也就是說，當寶寶平躺的時候，他的頭不會再不由自主地總是偏向身體的某一側。

　　您不妨試試看，當寶寶平躺著的時候，溫和地抓住他的兩隻手臂，然後再輕柔地將寶寶拉成坐起來的姿勢。

　　四個月大的寶寶日漸強壯的頸部肌肉，應該已經有能力在他被拉起來的整個過程當中完全支撐住他的頭，而不會再像過去一樣，任由小腦袋好像秤錘似的無力地倒掛在身後。

　　讓我們再試著從另外一個方向，來談談您四個月大的寶寶。

　　寶寶現在非常喜歡「坐」。如果您扶住寶寶的上半身，讓他舒服地坐在您的大腿上，寶寶的頭除了偶爾還會失去平衡，或前或後地晃盪一下之外，大部分的時間，他應該都可以相當成功地維持住頭部的平衡。

　　寶寶也很喜歡不依靠任何人的幫助，但是藉著幾個枕頭或是椅墊的支撐，開心地享受一下坐起來的感覺。

　　當寶寶在「自己」坐起來的同時，他除了會展現出一種既得意又緊張的表情之外，也會興高采烈地東張西望，盡情以一種全新而且是平行（不再是由下而上）的視線，來觀察這個對於他而言新鮮又有意思的世界。

　　其實我們也可以輕易地從另外一個角度，看出寶寶比過去強壯許多的胸肌、頸肌與背肌。

　　請您仔細地瞧一瞧，當寶寶在趴著的時候，他不但會「自然而然地」抬起他的頭，同時寶寶還會高高地挺起他的胸膛，甚至於寶寶有的時候，還會將他整個上半身，盡可能地提高到完全由雙手的肘關節靠在床上支持的地步。寶寶這一切的努力，正是為了要使他的頭部可以抬得更高，雙眼平視時的視野可以看得更寬、更遠。

　　以上我們討論了這麼多有關於寶寶四肢、體能方面的進展，現在讓我們來探討一下寶寶在心智方面的發育。

　　您四個月大的寶寶已經開始可以認得出他的媽媽、爸爸、保母或是其他經常與他相處的親人。

　　當這些寶寶所熟悉的面孔（媽媽）一面向著他靠近、一面還愉快地讓他知道（輕柔地說話聲）他的問題馬上就可以解決的時候（奶瓶來啦！換一片乾的尿片吧！媽媽來陪你玩！），寶寶一定會立刻報以最開心的微笑和最熱忱的各種肢體語言。

　　相反的，您的寶寶也有可能在看到了一張陌生或是（寶寶自認為）可怕的面孔時而立即停止微笑，甚至於還會突然地放聲大哭起來呢！

　　人生的第四個月，是一個屬於成長階段中相當重要的轉捩點，寶寶不但漸漸開始有了「自我」的概念，同時也開始喜歡坐。由此，寶寶將在未來的三個月之中發展出許多更重要的能力。

如履薄冰！

　　大家都知道現代的父母難為！隨著科學知識一天天的進步，落在父母肩頭的重擔也就一天天的加重了！許多家長們為了教養子女，或讀書或參加專家的演講，努力地充實自己對於幼教方面的知識。

　　如果您有一種如履薄冰的感覺那也還好，但是請您千萬不必神經緊張到了步步為營的程度！因為，如履薄冰表示您是一位用心的家長，而神經緊張則顯示了您心中的害怕。心虛的父母不懂得應該如何去觀察自己的子女，有問題的時候找不出原因的所在，因此才會害怕！

　　一位胸有成竹的家長，所必須具備的先決條件，就是要能正確而客觀地觀察自己的孩子！

　　每一個人都會觀察，但是良好的觀察——尤其是觀察自己的小寶寶，卻是需要學習與自我訓練的。當您一旦學會了如何去區分您的眼睛真正看到的，和腦海中直覺想法之間的差別時，您將可以避免許多不必要的緊張與害怕。

　　舉一個最常見的例子來說，一位母親可能發現到她的小寶寶皮膚上總是會長出紅疹子。這位母親的心中很可能會直覺地認為：寶寶的疹子是因為皮膚太乾燥所引起的（因為她自己的皮膚也十分乾燥）。因此，她會不斷地在寶寶身上擦抹乳液。同樣的，當她因為這個原因帶寶寶看醫生的時候，也會告訴醫生寶寶的皮膚非常乾燥、生了紅疹，希望醫生開一些好一點的乳液！

　　然而事實上，這位母親所真正觀察到的，僅只是寶寶身上不明原因的紅疹子而已。雖然真正的原因有可能是因為寶寶的皮膚乾燥，但也很可能是由於寶寶對奶粉過敏、或是洗衣服的肥皂水沒有沖乾淨等等其他的原因所造成的。

　　正確、客觀的觀察，就是您眼睛所見到的，耳朵所聽到的與心裡面所想到的，絕對不可混為一談！

　　因此，如何學會先睜大了雙眼、拉長了耳朵，像偵探一般敏銳地觀察每一件事，然後再交由您的大腦來分析事情的來龍去脈，正是一門您需要經常提醒自己的育兒必修課。

　　記得，千萬不要「閉著眼睛」、「關上耳朵」，而用「主觀」或是「直覺」來觀察您的寶寶！

鍛鍊身體

　　在寶寶四到六個月大的這段時間之內，您必須要盡可能地提供給寶寶每一個伸展四肢、鍛鍊身體與學習平衡的機會。因為寶寶很快地就會需要運用到這些屬於肢體方面的基本功能，而來學習如何完全獨力地爬、坐、站和走路。

　　首先您必須要確定寶寶是可以隨時、隨興「自由活動」的。室內的溫度最好是溫暖舒服的，這樣寶寶才可以不用穿太多的衣服，而可自由地活動他的四肢與筋骨。

　　其次，請您看一看寶寶的小床中，是否堆放了太多的枕頭、被褥、玩具、甚至於日用雜物？這些東西雖然有用，但是卻會大大地縮小寶寶的活動範圍。當寶寶已經能夠扶住小床的邊緣，站起來的時候，放在小床中的東西是愈少愈好，以免成為他的絆腳石，影響到寶寶的安全。

　　您也可以繼續經常對調寶寶在小床中睡覺的方向，甚至於每隔一陣子，您還可以更動小床與室內其他家具的相對位置。這麼一來，您的寶寶就不會因為看（玩）膩了每天都是一成不變的景物，而整天懶洋洋地提不起精神來。相反的，寶寶會因為經常改變的新鮮環境，而總是興味十足、好奇地東張西望，增加了許多鍛鍊肌肉的機會。

　　當寶寶平躺的時候，一個（如同我們在上個月所為您介紹的）懸垂在他雙手可及範圍之內的玩具，可以鍛鍊寶寶伸手取物的能力。但是希望您千萬要注意到的一點是，一旦您的寶寶開始可以坐、甚至於站起來的時候，您應該立刻把這種垂吊式的玩具，移開寶寶的活動空間，以免玩具纏繞住寶

寶，對寶寶造成傷害。

在寶寶清醒的時刻裡，他的頭一定是自然而然地面對著他最常接受到照顧、也最常見得到人的方向。因此，我們常見到一些小嬰兒在持續地接受來自同一個方向的刺激之後，產生了身體兩側發展的速度不一致、不平衡的現象。

譬如說一個媽媽總是習慣於用左手抱著她的寶寶喝奶瓶，寶寶的頭就很可能會因而傾向於向右轉的姿勢。而一個經常被直起來，抱在爸爸右臂肩膀上的寶寶，很容易就會造成左眼大、右眼小（因為他右邊的視線總是被爸爸的頭遮住）的結果。

這種左、右不能平衡發展的寶寶，會比一般的寶寶要遲緩得許多，才能在胸前互握住雙手，延遲了一項重要的成長里程碑！因此，不論您是左撇子還是右撇子，都請您在日常生活中，多加留意要平均地刺激寶寶身體的兩側，以免造成日後不易矯正的後果。

過去許多歐美的國家習慣訓練他們的嬰兒趴著睡。這不是因為他們害怕寶寶的頭會因為長時期平躺而睡成了「扁平頭」，而是因為一直以來，醫學界都認為趴著睡——尤其是對於剛出生的小嬰兒而言，不但能幫助他睡得比較安穩，同時如果寶寶睡到一半吐奶或是打嗝的時候，也比較不會造成嗆到或是窒息的後果。

然而近幾年來，醫學界逐漸開始懷疑幼兒趴著睡與「嬰兒粹死症」（一種寶寶在睡眠的時候，突然原因不明的死亡的症候群）之間的關係。雖然目前初步的證據還不足以讓我們肯定地作出任何結論，對於比較容易嘔吐的嬰兒來說，趴著睡也的確是一種比較安全的做法。但是，已經有很多的小

兒科醫生開始建議家長們，讓寶寶（背靠著枕頭）側著睡！

我們建議您要仔細地和寶寶的小兒科醫生討論這個問題，經過慎重地考慮寶寶的體質與需要之後，再來決定寶寶睡覺的姿勢！

不論您最後的決定是要訓練寶寶趴著睡、側著睡或是躺著睡，您都應該儘量小心，不要讓寶寶使用太軟的枕頭或是毯子，以免在無意之間，導致寶寶悶在床褥之中，腦部缺氧而造成永久性的傷害！

最後我們想要再提醒您，在寶寶清醒的時候，請儘量讓他半數的時間平躺著，另外半數的時間，能舒舒服服、自由自在地趴著。因為趴臥的姿勢對於寶寶而言，是一種相當重要而且有效的刺激。

當寶寶趴著的時候，他會因為想要看得遠一點，而努力地撐起他的手臂。在經過一段時間的充分練習之後，寶寶將可以不再利用肘關節靠在床上，而能夠成功地撐直他的整隻手臂，將整個上半身（頭、頸、前胸）抬得高高的。這麼一來，寶寶的背部就會自然而然地形成一種弓形的曲線。

因此，請您不但別忘了要多多讓寶寶有趴著的機會，並且還要經常地鼓勵寶寶在趴著的時候，能夠儘量地朝遠一點的地方張望一番。

對於寶寶而言，這種背部弓形的曲線，不僅可以充實他的知識（他現在可以看得更遠了），同時也正是他開始學習爬行的一個最重要的記號！

提醒您 ✎
_____

❖寶寶白喉、百日咳、破傷風混合疫功苗以及小兒痲痺口服
　疫苗是否已接種？

❖有沒有好聲好氣地對寶寶說話？

❖寶寶的成長日記寫好了沒有？

❖不要用「主觀」來觀察寶寶！

迴　響

　　雖然說我並不是百分之一百同意您們的看法，但是我必須承認的一點是，我每個月都在不知不覺之中期待著《教子有方》的到來！

　　不知道是什麼原因，我總是要讀完了每個月的《教子有方》之後，才會覺得我的小女兒真正地又長大了一個月！

　　太多的時候，我因為生活中繁忙的瑣事，而忽略了小女兒一轉眼之間又長大了一個月的事實。而我也必須趕快追上她改變的速度。憑良心說，我需要《教子有方》每個月定期提醒我該為改變中的寶寶，做些什麼樣的改變。

　　　　　　　　　　　　　　　　海蓮娜（夏威夷）

第五個月

寶寶五個月大了！

請別小看了您家中這一位只有五個月大的成員，他可是您們家人之中學得最多、最快、也是最好的模範生哪！

寶寶在過去這兩、三個月的時間以來，已經充分地學會了許多「本領」。而寶寶從現在開始起會靈活地運用這些基本能力，迅速而且有效率地發展出許多更加複雜的「功夫」。

五個月大的寶寶不但能夠經常把頭抬得高高的，雙眼還可以同時筆直地向前看。寶寶還可以輕而易舉地把他的兩隻小手互握在一起，然後再舉到小臉的前方仔細觀察。

寶寶的視線也已經發現、並且還十分欣賞與滿意他自己一雙小手的存在。他的眼光不僅會經常饒富興趣地追隨著自己的一雙手，他一雙靈活的眼珠子，更是會動不動就盯著自己變幻巧妙的十隻手指頭，定睛凝視、研究個老半天哪！

寶寶對於他比例上漸漸縮小的大腦袋，現在已經能隨心所

五個月的小寶寶喜歡做的事：
- 將一件物體拿起來摸一摸、搖一搖和敲一敲。
- 翻身。
- 被大人扶著坐起來。
- 趴著，同時抬高頭部與胸部四面張望。
- 啃凡是能放進嘴巴裡的東西。

為寶寶提供以下的項目：
- 一樣他可以踢的玩具。
- 搖起來會發出聲響的玩具。
- 可以讓他磨牙的東西。
- 在袖子或襪子上縫上小鈴鐺。

欲地控制自如了。而寶寶對於他比例上逐漸長大的四肢與身體，也能夠比以前掌握得更好。因此，寶寶現在不但能夠被動地觀察他的四周，他還會伸出雙手、扭動四肢，主動地想辦法「接近」那些吸引他注意力的人與物。

還記得在前幾個月，當您用雙手將寶寶由平躺的姿勢，拖成直起上半身坐起來的時候，我們曾經陸續與您一同觀察過寶寶的表現嗎？在整個移動過程之中，寶寶的小腦袋從最初完全地倒掛在背後，逐漸能夠斜斜地支撐著不往後倒，而現在如果您再試一試他的反應，您將不難發現到五個月大的寶寶，已經能夠在上半身被拖成坐姿的時候，用力地挺住脖子，並從頭到尾成功地把頭直直地抬高在他肩膀以上的位置。

寶寶現在除了對於頭、頸、肩膀的控制相當自如之外，他整個上半身肌肉的協調與發展，也已經達到了十分成熟的地步。因此，寶寶現在非常喜歡讓人扶著他的上半身（肩膀或是胸部）坐起來，使他能在坐直的時候，盡情地享受一下雙眼平視這個花花世界的美妙滋味。

寶寶的一雙眼睛也是清澈又炯炯有神的，他的目光最喜歡追隨移動中的人或是物體。寶寶也能夠迅速而又準確地，同時將視線範圍內所有景物的焦距都對得十分清楚。

趴臥的時候，寶寶不但已經能夠強而有力地撐起他的上半身（頭、胸），同時還應該會經常以手肘、甚至於手掌來著力，而把上身抬得更高一些。

對於有些比較活潑、好動的寶寶而言，當他趴臥在地板或是床上的時候，他可能已經開始會「移動」自己了。

您的寶寶目前也許還沒有開始爬，但是他可以在趴著

的時候，雙腿不斷地踢，雙手也好像是在游泳一般努力地揮舞，而在扭動之間將身體挪動一段短短的距離。

健康的寶寶會鍥而不捨地繼續這一方面的努力，直到他能夠用膝蓋和雙手的力量，「匍匐」爬行，真正有目的地移動自己為止。

最有趣的是，五個月大的寶寶有的時候不但會在趴著的時候向後倒退，甚至於還會在原地打轉、兜圓圈哪！

（一般而言，五個月大的寶寶在趴著的時候，至少會嘗試一、二種以上所描述的舉動。）

在寶寶現在這個年紀，除了「四肢」會不斷地「發達」之外，他的雙手也會一天比一天更加的靈活。

請您仔細地瞧一瞧，寶寶現在「伸」出手去「抓」一件東西的能力，是不是已經比過去進步了許多呢？現在的寶寶也已經學會，如何才能利用他小小的手指頭，牢牢地將一件物體「夾」住或是「握」在手掌心中。

也有一些寶寶在五個月大的時候，就已經能夠利用他的大拇指和食指，把一件小東西「捏」在手中。雖然如此，對於那些還不能這麼做的寶寶而言，身為家長的您也不必心急，因為寶寶必然正全力以赴地、朝向「雙手萬能」的目標不斷地在發展。

雖然說寶寶有許多的時候，可能還是會運用他的兩隻手臂，把他想要的東西「圈」回勢力範圍之內，但是他應該不時地也會有目的地伸出一隻手，表現出一些「探囊取物」的意味兒！

不論如何，在經過反覆不斷地鍛鍊四肢與雙手的能力之後，您的寶寶現在應該已經可以再接再厲、鍥而不捨地，靠著自己的努力，「弄」到他心裡面所想要的東西。

一旦寶寶「搆」到了一件對於他而言有趣、新鮮或是陌生的物體之後，他通常都會毫不遲疑地就把他辛苦所得來的「戰利品」，立即轉交到他的小嘴巴中，好讓他的嘴唇與舌頭，更進一步、仔細地來研究這件物體的各種特性。

從筆者經驗中，我們發現有很多的父母，他們相當受不了寶寶不論是什麼東西，抓起來就往嘴巴裡塞的舉動。一方面，他們覺得寶寶這麼做，容易吃到一些

津津有味！

大多數五個月大的寶寶，已經學會也開始「吃手」了！

吃手，除了是寶寶自我滿足吸吮慾望的一種本能之外，同時也代表著寶寶的手與口已能成功地和諧並用了。

您的寶寶現在也已經會在雙手一抓到東西的時候，就立刻把它塞到嘴中，用他的唇與舌，大聲（是的，非常的大聲）、用力而且是垂涎三尺地、不斷地去「啃」它。

請您千萬不要阻止寶寶這種乍看（聽）起來令人啼笑皆非的舉止，因為這種正常的發展過程，既不會養成寶寶任何的壞習慣，也不會造成寶寶日後吃手的毛病！

等再過幾個月，寶寶這種津津有味的「不雅」作風，自然而然就會減少到只有當他肚子餓或是要吃東西的時候才會出現。

至於目前，寶寶是要靠「啃」，才能具體地瞭解到物體的特性——一種再自然也不過的「學習」！

髒東西；另外一方面，他們也擔心寶寶會一不小心就把東西吞進肚子裡去，或是吸進呼吸道中，而導致無法挽回的意外傷害。

　　我們雖然是百分之一百同意這些看法，但是我們也要強調的一點就是，當一個五個月大的小寶寶把東西塞到嘴巴裡去的時候，他的目的不是去「吃」它，而是去「研究」它。

　　因此，如果您不想剝奪寶寶滿足他旺盛求知慾的機會，那麼就請您不要阻止寶寶把東西送到嘴巴中的舉動，並且也不要在當他「研究」（啃或舔）到一半的時候，就把他嘴中的「知識」（物體）強行取了出來。因為這麼一來，您不僅是妨礙了寶寶學習的過程，同時也干擾了他專心用腦的思路，導致寶寶的注意力被分散而中斷的不良後果。

　　這麼說來，您該怎麼辦才好呢？很簡單，我們建議您為寶寶準備一些乾淨、大小適中（大到寶寶無法往喉嚨裡吞，小到他的小嘴可以應付的尺寸）、無毒而且安全（寶寶啃不破、不掉顏色油漆）的玩具，在您有時間看著他的時候，讓您的「小小學習機」好好地啃個夠，直到他自己厭倦放棄了為止。

　　如果您心裡還是覺得有些不舒服的話，其實您也可以放心的就是，寶寶這種用嘴巴來研究物體的習慣，很快的就會被他逐漸靈巧的雙手所取代。

　　再過不了多久的時間，當寶寶的小手抓到了一樣東西的時候，他將不再直接送到嘴巴中，而會把物體轉交到他的另外一隻小手中去。

　　在這裡我們還想要強調的一點是，寶寶現在雖然已經學會了如何將一件物體「拿」或是「抓」在手中，但是他仍然

需要一段不算短的時間，才能學會怎麼樣才能有目的地「鬆手」！

剛開始的時候，寶寶之所以會「一不小心」地（在他拿住一件物體的時候）放手，要不是因為他小手的肌肉沒有力氣，就是因為寶寶的注意力又被其他的東西所吸引住，而移轉了他對於手中握住物體的興趣。

請您和您的家人要注意了！寶寶真正開始學習有目的地鬆手，是從「丟」東西開始。相信寶寶這一個「學習里程碑」，將是您無法忽視的！

請您也千萬不要在寶寶開始「丟」東西的時候，就覺得他是一個小壞蛋似的，立即義正辭嚴地「訓誡」他一番。因為這麼一來，寶寶雖然是會被您教養成一個從小就非常聽話的「乖」寶寶，但相對的，他也損失了許多自我學習、自我發展的好機會。

最後，我們還想提醒您的一點就是，當寶寶開始發展四肢、雙手的技巧與能力的時候，他一定是會左右手並用、同時進行的。

因此，在寶寶明確地「決定」他會是左撇子或是右撇子（也就是順其自然地選擇他比較好用的一隻手）之前，寶寶的左手與右手，都需要有充分的鍛鍊與發展的機會。然後，寶寶才能夠在雙手公平競爭之下，「客觀而公正」地選擇他日後所要重用的是左手還是右手。

身為父母的您該怎麼樣來幫助寶寶呢？您可以在每一次遞東西給寶寶的時候，稍微多用一些心思，注意要把東西放在寶寶的雙手都有同樣機會拿得到的方位——也就是身體的中線部分，不做任何暗示地（例如您希望寶寶用右手來

接），讓寶寶自己來拿這件物體。

請別小看了父母親這麼一點小小的「慧心」，因為這不但可以避免寶寶在選擇左、右手的時候發生了偏差，同時還可以幫助寶寶正確地分辨出，他自己身為一個完整而且獨立的個體，是有左與右兩個不同的部分，而奠定好寶寶日後辨別左右能力的基礎。

甜蜜的家庭？

每一個人在成長的過程中，一定都曾經聽過許多童話中的愛情故事：「王子和公主終於結婚了！他們從此以後過著幸福快樂的生活……」

也許您的腦海之中，多少都有一些對於一個「甜蜜的家庭」的憧憬？一對恩愛幸福、慈祥的父母；長幼有序、和氣友愛的子女；一間整潔、美麗又安詳的屋子；冬天溫暖夏天涼，春蘭秋桂常飄香，恩情比天長……？

或者您曾經想像過要像電視廣告中的媽媽一樣，安詳地抱著甜睡中的小嬰兒在花園中散步；像是畫報中的爸爸一般，朝氣十足地揹著小娃娃去爬山？

故事書中的媽媽，是聰明、體貼、善解人意、充滿了愛心的賢妻良母。不論發生了什麼事，她總是能夠甘之如飴、逢凶化吉、鎮定、冷靜、明智地解決每一件難題。

我們所說的是神話嗎？是的！可能嗎？有點難！

很少有一個家庭，能夠一天到晚都生活得美滿、幸福又快樂。為什麼呢？因為我們是有血有肉、生活在現實世界中的人，而不是作家筆下虛構的王子與公主！凡是人，就會有

七情六慾、就會心煩、就會發脾氣！

　　沒錯，我們不否認您的家庭一定也曾經有過心滿意足、樂融融、暈陶陶的時刻。但是真實的生活，絕對不可能永遠如此理想。

　　設想您的寶寶在夜深人靜、全家都已沉睡的時刻，突然失去控制似地開始大哭大鬧了起來！很有可能原本正安詳做著好夢的一家人，在一轉眼之間就變成了大的鬧（夫妻對罵）、小的哭（寶寶尖叫）和大的小的吵成一團（爸爸對寶寶吼、媽媽揍寶寶屁股、寶寶哭得更大聲）的情況！

　　問題就在於這些想像起來相當恐怖的畫面，雖然是一點也不甜蜜，但確是真真實實的現實生活──有苦、有甜、有笑、有淚，有但願人長久的片刻，也有受不了的剎那。

　　沒有任何一個方程式可以解決生活中所有的問題。但是我們希望您必須要有的心理建設是，不要老是去想著童話故事中不食人間煙火的神仙眷屬，要記得凡是人，就必須要為柴米油鹽這些瑣事而奔波、操勞。如果您能經常這麼想的話，您就比較能在被寶寶的哭喊聲搞得七葷八素的時候，依然保持著一顆「平常心」。

　　同時，您也不必要在當人與人之間（例如夫妻、母子、婆媳）發生衝突的時候，過於認真和大驚小怪。因為，在一個關係親密的家庭之中，一旦成員們不必要再保持距離、相敬如賓時，衝突與磨擦也是一種必然的過程。

　　重要的是，一個具有建設性的婚姻與家庭，它的每一分子都必須要學會如何在發生衝突之後，還能夠同心協力地拾起每一個碎片，重新將家恢復成原有的完整。

　　大家都知道，摔碎了的玻璃是永遠都會有裂痕的。因

此，我們也建議您要放棄「破鏡會重圓」的幻想，而試著去想應該如何在斷垣殘壁之上，還能重新建立起一座全新、更美、更好的家園。唯有家庭每一個分子同心協力地去努力，才能一次又一次地在衝突與爭執之後，還能夠更親密、更融洽。

不論您的家庭是處於一種什麼樣的狀況，請千萬別忘了「重修舊好」的重要性。

因此，夫妻吵架了也好，您脾氣控制不住、修理了小寶寶也好，您心中都不必太過意不去。情緒失控是屬於人類的特色（只有假人才是永遠不發火的），是自然的！但是如何能積極、成功地在暴風雨之後，儘快搭建起人與人之間更加穩固的橋樑，才是一個家庭是否溫馨、甜蜜的真正關鍵。

本書祝福您與您的家庭，能和您的寶寶一同成長，早日建立起屬於您們的「人間天堂」。

讀臉

也許您已經發現了，五個月大的寶寶似乎對於人的臉孔特別感到興趣。

寶寶現在就像是一顆小小的開心果一般，只要見到了親人（尤其是媽媽）的面孔，他就一定會展開無邪的微笑，甚至於還會興奮到咯咯地笑出聲音來！

寶寶也很喜歡您用雙手蒙住自己的臉，然後再突然地張開雙手讓他看到您的臉這一類的遊戲，他會在突然看到您的面孔時，被逗得開心大笑。

即使當寶寶見到一張完全陌生的臉孔時，他雖然不會微

笑，但也會充滿好奇心地定睛凝視一番。

　　您也許要問，寶寶到底是從人的臉上看出了些什麼有意思的東西呢？我們或許可以從一些科學的研究結果中找出一些端倪。

　　專家們發現，如果我們讓小嬰兒們看許多不同形象的圖片，小嬰兒從只有二、三個月大的時候開始，就會對臉譜一類的圖片特別感興趣。

　　我們可以很確定的一點就是，二、三個月大的寶寶，他的智慧還不足以讓他在看到一張臉譜的時候，就立刻認出這是屬於人的一部分。因此，寶寶之所以會喜歡看臉譜，似乎是因為在五官的排列之間，有某一些東西深深地吸引著他的注意力。

　　譬如說研究的結果發現，一個多月大的小嬰兒喜歡把他的注意力集中在臉孔的邊緣，也就是類似髮梢、下巴的部位。但是當寶寶逐漸長大以後，他的興趣會轉移到臉孔的中央、五官，甚至於牙齒的區域。

　　在寶寶三到六個月大的時候，他的雙眼逐漸能夠同時對焦，也因此寶寶在這一段時日內，會對於臉的定義——實質與抽象的意義，都開始產生一些相當原始、也極為模糊的概念。

　　就我們目前所瞭解的來說，寶寶在這一階段「讀臉」的過程中，他的用意似乎只是為了要建立一些基本的認知。認知的意思，就是在腦海中對於一件東西所描繪出的形象。因此我們認為寶寶所嘗試的，是努力確認一個有關於臉的理念——人的臉是什麼？什麼才是人的臉？

　　所有的小嬰兒都會從母親的臉開始讀起。在媽媽的臉

上，總是有一些「形狀」（例如圓的眼睛）會出現在一些固定的方位（一左、一右）。

　　而當另外一張臉孔出現的時候，看在寶寶的眼裡，也是和媽媽的臉一樣，圓的眼睛會左、右各一地出現在這張臉上。然而，又似乎有一些說不出來的不同處，會讓寶寶覺得這張新的面孔和媽媽的臉有所不一樣。在這個時候，寶寶會在心裡自問：「這個看起來有點像、但是又不完全一樣的，也是一張臉嗎？」

　　因此，在這種情形之下，相信您也不難瞭解到，寶寶為什麼會需要花一段時間去讀這張新的面孔了吧！沒錯，他是必須要仔細地研究一下這面孔上的「式樣」，和他所熟悉的媽媽臉上的「式樣」是否相同。寶寶會將臉上的重要特徵（眼睛、鼻子和嘴巴），和他腦海中對於這些五官的印象進行比較。

　　如果真的讓他看出來這與媽媽的臉長得略有出入的「東西」，也是一張臉的時候，他的小臉上就會自然而然地露出一絲微笑。這似乎正是寶寶在無聲地對自己說：「我知道啦！這看起來不像媽媽的臉的東西，其實只是另外的一張臉！」

　　對於寶寶和所有的人而言，臉都是一件極為重要的東西。任何一個人只要一看到下圖中不同形狀的排列組合，就會立刻聯想到一張臉。事實上，除了臉之外，您還能聯想到其他的東西嗎？

　　而這些或大或小的圓形（眼睛）、方形（鼻子）和長條形（嘴巴），在如此的組合之下，「看起來像是一張臉」的「直覺」，其實也正是

來自於您自己在嬰兒時期，讀臉的經驗和心得。

　　這種經驗絕對不是來自於反覆地研究同一張臉（看它千變不厭倦）的結果，而必然是來自於綜合觀察了許多不同的臉（閱人無數）之後，方才能夠成功地整理出來的一種意識與心得。

　　其實我們只要稍微想一想寶寶近來的作風，就不難看出他的企圖與動機何在了。

　　五個月大的寶寶，會主動地尋找一些他可讀的臉，好為自己多多製造一些增加經驗的機會。

　　每當寶寶讀到一張和他所見過相去甚遠的臉（留鬍子、擦口紅、戴眼鏡等等）時，他都會仔細地研究這些嶄新的特徵，然後再將這些新的知識毫不遺漏地吸收到記憶之中，並且和腦海中所儲存的臉譜，揉合成一個更豐富、更多元化、更完整也更加深刻的臉的概念。

　　這也正是為什麼五個月大的寶寶是如此的「外向」、熱情、喜歡往人多的地方去「湊一腳」的真正原因。

　　寶寶喜歡看不同的人、讀不同的臉。凡是和媽媽的臉有所不同的每一個細節，他都會不斷地消化、分析，藉此來滿足求知的慾望。事實上，環境（也就是畫面）的變化，是學習的過程中相當重要、而且不可或缺的一環。我們將在以後陸續為您討論這一點。

　　至於目前，讓我們再回到您五個月大、不怕生、不害羞、大方、熱情、喜歡與人打交道的小傢伙身上。也許您要問，**寶寶**這種人見人愛的階段還會延續多久？身為父母的您，還能再享受多久親友的誇獎？

　　很不幸的，**寶寶**這種友好的社交方式將會很快的、也

是暫時性的告一個段落。等再過一、二個月之後，您的寶寶
會開始變得極為認生、而且完全不與陌生人打交道。到了那
個時候，您也許會十分驚訝地發現到，您這位曾經是一見人
就笑的小小親善大使，居然會在看見有陌生人朝他靠近的時
候，不安地拚命躲進您的懷中，有的時候甚至於連頭都不敢
抬起來呢！

　　寶寶的這種轉變意味著，現在，正是您讓親朋好友與
寶寶熟識的最佳時機。寶寶現在會主動把這些原本陌生的面
孔，都當作是他讀臉的學習過程中有趣的學習對象，並且很
快地接納他們。

　　因此，如果您想拉近寶寶與爺爺奶奶、或是叔叔阿姨
們之間的距離，那麼您就應該好好地把握住，寶寶目前和善
可親的活潑階段，多增加寶寶與他們相處的機會。因為一旦
等到寶寶開始認生了，到那時凡是他過去不曾見過的人（面
孔），要想和他很快地打成一片，恐怕就不是那麼容易了。

　　換一個方向來想，您目前也應該要留心的一點就是，千
萬不要剝奪了寶寶與人交往的機會。這個道理也很簡單，寶
寶現在讀到的臉越少，他所能歸納出有關於臉的心得就越膚
淺。而等到他開始認生的時候，對於寶寶而言，陌生的面孔
也就愈多，寶寶也會因而變得更加的膽小與怯懦。

　　也就是說，一個七、八個月大，但是極度怕人、非常膽
怯的寶寶，他的問題不在於當時的表現（這是許多家長最容
易對自己的寶寶產生反感的一點），而是因為寶寶在他五個
多月大的時候，（也許是因為父母太忙、沒時間為寶寶製造
與人來往的機會）沒有充分累積讀臉的經驗，而導致孩子日
後人格正常發展的過程中，永遠有一道難以彌補的缺憾。

　　所以說，除了有空多帶寶寶四處串串門子之外，您也可以在目前偶爾把寶寶交給親戚、長輩們照顧幾個鐘頭。這麼一來，您不但能夠成功地為寶寶安排好學習的環境，自己也可以享受到一些偷得浮生半日閒的愉快呢！

成長實驗室

　　寶寶現在已經會移動自己了。再過不了多久，他的「機動性」將會變得十分的驚人。到時候，不僅寶寶的活動範圍將會大大的增加，同時他多采多姿的「探險生涯」（也就是下一個重要的成長階段），也將正式的宣告開始了！

　　寶寶目前的各種活動（移動與探險），對於孩子日後的發展與成熟而言，扮演著極端重要的角色。因此寶寶每天生活的地方——您的「家」，就成為孩子整日尋寶、搜奇、活動筋骨和學習的重要場所。

　　每一個家都是一個幼兒發展的最佳實驗室。而在這一個實驗室中將會培養出一個舉世無雙、獨一無二的新生命——您的寶寶！寶寶將會在您的家中進行無以數計的實驗與探險；他會藉著這個成長實驗室來瞭解整個世界；同時，寶寶也會因而熟悉他自己與這個世界之間的相對關係。

　　我們鄭重地建議您不妨現在就試著以一種童心未泯的研究精神，好好地、仔細地來「看一看」您的家。想像著您的寶寶即將要在這間屋子內，完成他成長過程中許多重要的實驗，打下他一生學習的根基，您是否願意盡力地為寶寶張羅出一間理想的學習場所呢？

　　如果您的答案是肯定的，那麼您所應該要有的心理準

備，就是那些畫報上、樣品屋中經由名家所設計的室內裝潢與擺設，雖然看起來是美侖美奐，但大多數都是不適合寶寶的。請您務必要考慮清楚，為了不限制寶寶的活動與學習，您的家應該是一間可以真正讓孩子發揮的嬰兒房，而不是一間漂亮、但是卻令寶寶動彈不得的樣品屋。

　　為寶寶設身處地來想，請您先從地板開始做起。是的，地板！

　　對於寶寶而言，地板是您家中最重要的一個硬體。因為一旦當他開始可以自由移動的時候，他不僅僅會花許多的時間在地板上，地板也將成為他的第一所學校，幫助寶寶建立起許多生命早期重要的學習經驗。

　　請您一定要親自做一做以下的活動。試著「五體投地」地趴在家中的地板上，感覺一下地面的軟硬、溫度，看一看、聞一聞、聽一聽寶寶即將接收到的訊息。然後，請您翻轉身來，「四腳朝天」地體驗一下！如何？

　　有趣嗎？還是怵目驚心？地板涼不涼？沙發下面有沒有死螞蟻？有沒有潮濕的水漬和霉味？爬幾步試一試看，有沒有許多擋路的電線和桌腳？最重要的是，好玩嗎？有吸引您的東西可以「玩賞」嗎？

　　抬頭看看，有沒有寶寶不可以抓、舔、摔、丟、敲或是撞的東西（例如懸垂的桌布、鞋子、盆景等）？任何您不想

讓寶寶「研究」的東西（例如您心愛的水晶花瓶、珍貴的相框等），最好都暫時收起來、或是放高一點。

　　這種家中「防寶寶」的措施，

不僅可以保護寶寶不受到意外的傷害，也可以預防寶寶砸壞您心愛的照相機。

而在您移開了家中有可能被打破、有毒、或是寶寶不能碰的東西之後，也請您好好的想一想，家中有什麼東西是您願意、也認為是寶寶可以接近的？

不論您為寶寶準備的是玩具也好、用舊的塑膠杯子、或是洗乾淨的柚子也好，都請您千萬別忘記，寶寶的探險與實驗，全是學習的一部分。不要限制他的求知慾與好奇心，儘量地為他準備些可以看、聽、玩、嚐與學習的「實驗品」。在您確定了家中的安全性之後，盡可能地縱容寶寶在地板上四處移動、（而不要在他偶爾闖禍的時候嚴厲地責備他），鼓勵、並且幫助寶寶早日與他所身處的大千世界熟稔起來。

第一類接觸

在寶寶早期的學習過程之中，觸覺，是他藉以獲取知識的一種重要方式。在寶寶剛出生、雙眼尚且十分朦朧的頭幾個月內，以及在寶寶漸漸長大、已經能夠靈活運用雙眼之後的很長一段時日中，他都會相當依賴由皮膚表層的觸覺接收器（例如寶寶抓、玩弄以及啃東西時）所傳回大腦的訊息，而達到學習的目的。

對於幼小的寶寶而言，這個世界純粹是由一堆「感覺」起來完全不一樣的物體，所堆砌與組合而成的。

如何去分辨各種物體的異與同，是一種極為重要的早期學習經驗。

身為寶寶啟蒙師的您，何不動動腦筋，想想看如何能為

寶寶提供一些感覺得到的物體？讓寶寶能在享受有趣的觸覺的同時，還能輕易地就學會如何去分辨，在他的四周有哪些東西是感覺上相同的、而又有哪些東西是不同的。

一般說來，對於那些大人眼中比較皮、比較不聽話、會惹麻煩的寶寶們而言，您大可以放心一點的就是，他們絕對不會缺少了接受觸覺刺激的機會。因為他們經常不是被抱著、被盯著、就是在不斷地與周遭的環境接觸，同時也永遠都是在家人的「照看」之中。

相反的，那些溫和、安靜的乖寶寶們，反而會因為他們非常的滿足、從來不對父母「要求」些什麼，而減少了許多接觸外界的機會。

所有的寶寶都喜歡觸覺感官方面「溫柔的刺激」。如果您能在寶寶洗澡前，讓他一絲不掛地趴上短短的一陣子，（請您注意室內的溫度以免寶寶因此著涼了），那麼他全身各個部位都將能體會到一種前所未有的美妙經驗。

雖然寶寶的皮膚非常細嫩，但是您可以用溫暖、輕柔的手，撫摸與搓摩寶寶的手、腿和背部。輕輕地用您的手掌、手背、或是指尖來拍拍寶寶的全身上下。有的時候，您也可以用一塊柔軟的紗布、毛巾或是絨布，輕柔地拂擦寶寶的全身。當寶寶洗完澡的時候，您也可以用一條柔軟而厚實的大浴巾，擦乾寶寶的四肢與身體。

親親寶寶的腦門，親親他的小手和小腳。當您對著寶寶說話的時候，您的手也別閒著，何不逗逗寶寶的小腳丫或是手指頭呢？

試試看寶寶喜不喜歡您將他的兩隻腳掌、或是兩隻手掌，左右併攏地互相拍拍？是否曾經將嘴緊貼在寶寶柔軟的

肚皮上，慢慢地像吹喇叭似地發出一些怪聲音？寶寶的反應
又是如何呢？

　　一個從小就缺乏身體肌膚方面刺激的孩子，長大了以後
通常都會很怕癢（俗話說「怕癢的男人怕老婆」）！如果您
的寶寶也很怕癢（而您又不想他將來長大怕老婆）的話，那
麼您應該從現在就開始做起。

　　試著先用寶寶自己的小手來輕揉
與拍打他自己的全身。當寶寶的肌膚
習慣於接受「外來」感覺之後，您也
可以試著用您的手來刺激寶寶。

　　但是請您要記得的一點是，有
的時候太輕的接觸，反而會讓怕癢的寶寶覺得更癢。利用您
的手掌心對於寶寶穩定的刺激，往往要比手指輕柔搔癢的感
覺，對於寶寶更有幫助。

口耳互動

　　寶寶現在對於他四周的一切會相當的注意。當寶寶聽
到聲音（尤其是當他自己丟出一樣東西所發出的聲音）的時
候，他會立即把頭轉向聲音的來源，而寶寶的雙眼和耳朵也
會去尋找這個出聲的原因。

　　因此，現在正是您觀察寶寶是否有聽力障礙的最佳時
機。

　　試試看當您在寶寶看不到、距離他一公尺半到二公尺
（大約是一百七十公分）左右的地方，故意製造或是發出一
些聲音的時候，寶寶會不會有上文中所描述的反應？

　　當有人對寶寶說話的時候，他會不會轉過頭來、雙眼看著說話的人？

　　當有突發的聲響或是奇怪聲音的時候，寶寶會不會轉頭察看個究竟？

　　如果您對於以上這三個問題的答案都是肯定的，那麼您的寶寶的聽力應該是正常的。

　　但是如果您寶寶的表現不盡完全，或是有的時候有反應、有的時候一付渾然不覺的模樣，您也不必馬上就斷定寶寶的聽力出了問題。因為有一些早產兒與發展遲緩的幼兒，他們的聽力會發展得比較慢，但卻不是聽力有問題。

　　如果您還是不放心的話，那麼就請您盡快地要求小兒科醫生，為寶寶做一個更仔細的聽力測驗。

　　根據統計，約有千分之一的嬰兒患有先天性的聽力障礙。專家們也建議，這些嬰兒們的病情，應該盡可能的在他們五個月大之前被發現，早日接受矯正與治療。因為，如果一個五個月大的小嬰兒沒有辦法聽到自己或是別人所發出來的聲音，那麼他將會在日後語言發展和學習的過程中，遭遇到無比艱難的障礙。

　　在寶寶目前這個牙牙學語的階段，他的小嘴巴會不斷地製造出大量不同的聲音來。雖然說我們很難用一些簡單的方法來將這些語音，全部分門別類、一一整理出來，但是相信您一定能輕易地聽出，寶寶所發出許多不同的嘶聲、噓聲、捲舌音，和來自喉嚨深處的摩擦音。

　　牙牙學語之所以對於寶寶十分重要，是因為當寶寶隨興所致、大量製造聲音的同時，不但他的雙耳會聽到這些聲音，寶寶的大腦也會同時接收到這些不同的聲波與訊息。更

重要的是，**寶寶會**「記住他是如何發出這些聽來不同的聲音」。

知道嗎？這些來自於人生早期，口耳互動的經驗與記憶，正是孩子日後學說話、咬字發音、口齒流利最重要的本錢哪！

請您千萬不要小看了**寶寶**在喃喃自語時所做的發聲練習。因為當**寶寶**牙牙學語的時候，其實有兩件相當重要的事——聽覺和感覺也同時正在發生。

怎麼說呢？**寶寶**會感覺得到他自己唇、舌、臉頰、下巴、與聲帶的活動。他也可以同時聽到由這些活動所發出來的聲音。不同的聲音，有不同的感覺！

當**寶寶**牙牙學語的時候，他會自動地記住，什麼樣的感覺會發出什麼樣的聲音。在不久的將來，當**寶寶**開始真正說話、試著發出正確的語音的時候，他將可以隨時從他大腦的記憶庫中，找到應該如何來發出標準語音的印象。

如果您希望**寶寶**將來的語言能力高人一等，那麼現在，趁**寶寶**五個月大的時候，正是您培養他日後口齒清晰與流利的最好時機！

怎麼做呢？其實也很簡單，只要您能在**寶寶**嘟嘟嚷嚷、咿咿哎哎個不停的時候，摹仿他所發出來的語音，用您自己也搞不清楚是什麼意思的語言，來和**寶寶**溝通一番。

您將會很快的發現到，當您摹仿**寶寶**的時候，您也會激發**寶寶**「說」出更多的話來。雖然在這個階段，**寶寶**所說的話，聽起來完全不像是我們說的話，但是不要緊，只要您能夠把握住各種的時機（洗澡、換尿片、散步的時候），持續不斷地進行這種有來有往的「對話」，那麼**寶寶**口耳互動的

學習，也就能持之以恆地發展出更加複雜的語言技巧了。

在語言發展的過程當中，韻律——就是由話語所演奏出來的音樂，也是一個相當重要的部分。

五個月大的寶寶所聽得懂的語言，不是每一個字所含有的意義，而是節奏與旋律。

仔細的想一想，其實在我們的一生之中，大部分的時候是藉著言語的韻律，來表達其中的意義。

例如說，一位會說國語的外國朋友，他能夠毫無瑕疵地運用中文的文法與字彙，但是如果在他說中文的時候，仍然是使用母語中的節奏與旋律，那麼恐怕他的中文可能就只有會說他母語的人（而不是中國人）才能聽得懂了！（想想看，日本人說英語，是不是日本人自己會比美國人要聽得懂一點？）

我們祝福您，能與寶寶共享許多寓教於樂、有趣美妙的口耳律動時光。

學步車？

人類的嬰兒自有一套固定的發展順序：當頭與頸的控制逐漸地成熟，就會自然而然地引導寶寶坐起來；寶寶在坐起來的時候所保持的平衡感，能夠幫助他學會怎麼樣去爬；匍匐爬行，是在為日後學習走路，做好準備。

在寶寶開始走路之前，有許多不可或缺的先決條件。當然，**寶寶背部的肌肉必須強壯到足以維持上半身挺直、四肢平衡的地步**。但是更重要的是，**寶寶必須有能力在他（日後學走路）摔倒的時候，還能夠保持某種程度的平衡以及隨機**

應變的自衛能力，以防止自己在學習的過程中受到傷害。

　　寶寶也必須先（經由爬而）學會如何在交替擺動左、右腳的同時，還能夠抬頭看清楚他的目的地。

　　寶寶一雙由許多細小軟骨所組成的腳，雖然（像橡膠般）十分的結實、有彈性，但是當他開始走路的時候，那些支持小骨頭的肌肉，也必須要強而有力到能夠維持住雙腳（在行走與站立時）的弧度與曲線。

　　當一切都準備好的時候，寶寶會「自動自發」地在爬行的過程中，抓住某一個定點而自己站起來。一開始的時候，寶寶的兩條腿會張得很開、上半身也是向前傾斜的，寶寶因而得以保持平衡。漸漸地，寶寶將能夠雙手扶著沙發或是茶几的邊緣，併著橫步側著走幾步路。

　　一個學走路的孩子，需要許多練習與鍛鍊的機會，學步車不僅無法提供孩子發展平衡、站立、四肢協調使用、雙腿交替運動的機會，它同時也剝奪了寶寶自我學習的時間。

　　一個還不懂得如何平衡的寶寶如果坐進了學步車，他將無法控制行進間的速度、方向、倒退、轉彎等等基本的運作，而容易發生許多因失控所導致的意外傷害事件。

　　當寶寶的身體準備好了，他自然而然就會開始走路。一般說來，胖一點、安靜一點的孩子，會比瘦小而且活潑的孩子比較晚開始走路。有些寶寶九、十個月的時候就已經走得很穩了，但是也有許多的孩子，要等到一周歲以後的好幾個月，才開始走第一步路。

　　您所能夠、也應該要做的是，儘量地提供寶寶爬、扶著東西站起來、倚著牆壁或是家具移動的機會。不要心急、也不要去勉強寶寶。等他的肌肉神經系統完全準備與發展成熟

　了，他將會不顧一切地開始他人生的另一個階段。

　　學步車？它占去太多寶寶真正學走路的時間與機會，何必多此一舉呢？

_____提醒您 ❗_____

❖有沒有為寶寶製造「讀臉」的機會？

❖家中「防寶寶」的措施做好了嗎？

❖為寶寶「馬殺雞」一番！

❖趕快將學步車收起來！

迴　響

　　我對於《教子有方》實在是太滿意了！

　　一直在想，十二年前當我剛生大兒子的時候，如果也有《教子有方》的幫助，那該有多麼好呀！

　　《教子有方》解答了許多我甚至於連想都沒有想到過的問題。

　　十二歲的老大每個月比我還急著收到郵差送來的《教子有方》，因為他很喜歡研究寶寶的成長，而《教子有方》讓他明白我們為寶寶所做的一切都是正確的。

　　我把每一期的《教子有方》仔細地收藏好，等到將來孩子們自己也有了孩子的時候，仍然可以用得著。

　　我由衷地希望，到了那個時候，《教子有方》依然在幫助許多的家庭！

　　　　　　　　　　　　　　戴夏倫（美國加州）

第六個月

半歲的寶寶

　　恭喜您，寶寶六個月大了！當您忙著為寶寶拍照留念、記錄下這個重要時刻的同時，請您也別忘了繼續關心寶寶在心智與人格方面的發展與進度。

　　在您的寶寶不斷地長大、也不斷地成熟的過程中，他在過去這半年以來所學會的每一樣技巧，都將會迅速地達到圓潤完美的程度。此外，寶寶還將會在他努力所打好的基礎之上，更上一層樓，發展出許多更加複雜、更為有用的功能。這就是成長！

　　當您現在試著抓住寶寶的雙手，將他從平躺的姿勢，面對著您拖成坐姿的時候，寶寶不僅會在整個過程當中，都強而有力地把頭抬得高高的、雙眼注視著您的臉孔，同時，寶寶的兩隻小手也會用力地拉住您的手，主動而且合作（不再像過去是完全被動）地配合您的動作，讓自己坐起來。

　　許多半歲的寶寶已經可以坐在高椅子中玩耍了。如果高椅

> 六個月的小寶寶喜歡的事：
> ・翻身。
> ・咬住一隻湯匙、或是一件玩具。
> ・畫著他所熟悉的臉孔微笑。
> ・丟東西、摔東西和擲東西。
>
> 為寶寶提供以下的項目：
> ・洗乾淨的日用品（例如塑膠杯子、小盤子）。
> ・一個他可以抓住、可以滾動的小皮球。
> ・可以磨牙的玩具。
> ・您的聲音。

子對於您的寶寶而言還有一點太過寬大的話，那麼一個塞在寶寶背後的小枕頭應該能幫助他坐得很穩！您也許還是會不時要去幫寶寶將他逐漸下滑或是傾斜的上半身扶正，但是除此而外，寶寶仍是顯得相當獨立、而且自得其樂的。

試試看，讓您六個月大的寶寶自己坐在地板上，算算時間看他能夠支撐多久而不倒下來？

一般而言，半歲大的寶寶在沒有外力扶持的情況下坐著時，他的上半身雖然不時還是會前後左右不規則地晃動，但是如果您稍加仔細觀察的話，您將會發現，聰明的寶寶會像鴕鳥般拱起他的背，使得他整個上身都會朝前傾斜，到了如果不用雙手支撐住，寶寶就會失去平衡的地步。大多數六個月的寶寶都可以用雙手撐住向前傾的上身，自己在地板上坐上至少十到十五秒左右的時間。

差不多有一半的嬰兒，在他們六個月大的時候，就已經可以從平躺的姿勢，輕而易舉（左右皆可）地翻身而成為趴著的姿勢。

而當寶寶趴著的時候，他會繼續努力、不斷地嘗試著去「移動」他的身體。寶寶也許會像小毛蟲一樣，前後蠕動他的身體，也許會不斷地用力踢著他的腿。有些時候您會發現到，寶寶將他自己或前或後地在地上（或是床上）推動了一小段距離。寶寶也有可能從趴著的姿勢，又再滾回「四腳朝天」時的樣子。

寶寶現在也是一個相當有主見的小生命！當他發現了一個感興趣的目標時，他或許會把自己「滾」到目的地；或許會先翻身成趴的姿勢，然後再想辦法「挪」動自己，直到寶寶取得了他的目標為止。總而言之，寶寶現在只要是在他清

醒的時刻，他是寧願趴著、多享受一下這世界的美妙，也不願意兩眼望著天花板地躺在床上。

寶寶的手臂與雙手的協調，也已經比過去要靈活了許多。對於一個半歲大的寶寶而言，只要是他看得到的東西（他有自信），他的雙手都可以拿得到。

當寶寶坐在高椅子中的時候，他的小手已經能夠對準一件搖晃中的玩具伸出去，並且把玩具「抓」牢在小手中。這麼一個簡單的舉動，也許您並不覺得有什麼稀奇，但是對於寶寶而言，這已經要比他過去從大人的手中「接」住一樣東西，要牽涉到更多、更複雜的手眼協調，以及大腦對於雙手更進一步的控制。

在寶寶七個月大之前，他通常只會伸出一隻手（而不是雙手並用）去抓東西。然而用心的家長們也不難發現到，寶寶目前雖然是用他整個小手掌把東西握在手中，但是再過不了多久的時間，寶寶將逐漸能夠運用大拇指、食指、甚至於中指，將一件東西穩穩地「捏」在手中。

以下，就請您仔細地來閱讀我們在這個月為您所歸納出來，每一項屬於寶寶成長過程中的重要里程碑。

新天地

正如同前文中我們所談到的，您六個月大的寶寶現在既然已經能夠「坐」著來觀察這個五光十色的世界，那麼對於寶寶而言，雖然他還是身處於和以往完全相同的環境之中，但是寶寶卻會覺得彷彿是到了世外桃源般似的，以一種嶄新的心情與視野，忘我地沉醉於他的新天地之中。

　　生平第一次，您的寶寶領會到了三度空間中「上」與「下」的不同；不僅如此，寶寶還感受到了「來」與「回」的差別。

　　而一旦寶寶接觸到立體、速度與方位之間巧妙的關聯與變化之後，這個只有六個月大的小生命，就將再也無法滿足於呆板地坐在同一個地方，觀察一成不變的畫面，或是被動地玩一些由大人放在他身旁的玩具。身為家長的您，準備好了嗎？很快的，寶寶將會有驚人之舉！

　　半歲大的寶寶會用小手抓住一件東西，然後用力地敲擊另一件物品！

　　經過半年多的時間，我們總算可以清楚地看出，許多過去在寶寶身上各自發展出來的功能，現在終於能夠達到一種合作無間的境界了。

　　為了能夠好好地坐直上半身，您的寶寶即使是在有人扶住他的時候，也需要強而有力的肌肉來支撐住自己的重量，以及精確的平衡感來保持上身直立的狀態。

　　等到您的寶寶可以不靠任何幫助，自己坐得很穩的時候，寶寶的一雙手才算是真正被解放，完全獲得自由了。

　　在緊接著下來的幾個月時間之內，寶寶的一雙手（與臂）將會開始上下揮舞與擺動。由此，寶寶將逐漸開始（由下而上地）「舉」起一件東西，或是（由上而下地）把一樣物體「放」在一個光滑的平面（例如地板或是桌面）上。

　　舉凡寶寶伸手去「搆」、「抓」或是「移動」一件物體的時候，都會牽涉到許多寶寶在過去幾個月所發展出來的手眼協調，也就是所謂眼明手快的重要功能。

　　總而言之，六個月大的寶寶現在所能表現出來的活動與

技巧，已經包含了許多相當錯綜複雜的通訊與反應系統。不但如此，您的寶寶還會使出渾身解數，繼續不斷地努力去學習，以發展出更多更加成熟的功能。

寶寶目前對於處理「身外之物」的能力，完全是以與生所俱的潛力為基礎，一步一步學習而來的。

舉一個簡單的例子來說，當寶寶第一次運用小手舉起一樣東西的時候，他很可能會不小心、或是因為一時還拿不穩，而將手中的物體搖晃了一下。雖然是無心的舉動，卻使得寶寶在偶然之間，體會出一種前所未曾經歷過的（屬於手臂的）感覺，以及一種遠遠超越手掌所能運作出來的動感。

正是因為這種動感，為寶寶帶來了許多不可言喻的新鮮、興奮與愉快的情緒，寶寶會「擇善固執」地繼續不停的揮舞手中的物體，直到他自己的手酸了、或是他的注意力又被其他的東西吸引住為止。

雖然表面上看起來，寶寶這個時候是已經完全停止揮擺他手中的物體，但是在寶寶腦海的深處，他會一直記得那樣物體看起來的樣子、抓在手中的感覺、以及在半空中揮舞時的重力，直到下一次寶寶的手中再抓住另外一件物體時為止。

而到了那個時候，當寶寶的小手剛一接觸到這件新的物體時，他將會毫不遲疑、一秒鐘也不願意多等地，立即開始將手中的物體大搖特搖起來。

有趣的是，在這麼一個成長的階段中，寶寶將會不分青紅皂白地、把所有他能抓得到的東西，都一視同仁地在空中搖晃到興味索然了方才罷休。

我們也可以利用同樣的道理，來解釋寶寶「喜歡」拿著

一件東西到處亂敲的「壞毛病」。怎麼說呢？試想當寶寶抓住了一件東西、四面揮舞的同時，「碰巧」撞上了某一樣家具或是擺設。您耳聰手快的寶寶，會立即聽到碰撞的聲音、雙手也會感受到相當程度的衝擊。

您可以很確定的一點就是，當寶寶一旦嚐到了東西撞東西的「滋味」之後，他將會開始一遍又一遍地努力去重溫（學習）這種感受，而逐漸演變成大人眼中亂敲東西的小搗蛋！

在這裡我們要鄭重地為您說明的一點就是，套用一句中國人常說的話「不知者不罪」！也就是說，六個月大的寶寶他是根本還搞不清楚，當雙手拿住一件物體時，應該採取什麼舉動才好？

在寶寶的小手抓住一個玩具，拚命地往小床欄竿上敲擊之前，他其實並沒有什麼「預謀」或是「目的」的（千萬不要以為寶寶是想破床而出）。

寶寶真正的用意，其實是再簡單也不過了！第一，當他手中拿著玩具的時候，他必須努力地做一些事（把握每一個學習的機會）才對，而他在目前所最會做的一件事，就是敲東西。其次，寶寶相當喜歡、甚至於可說是著迷於他在敲東西時所製造出來的各種「效果」（因果關係）。

您也不妨試一試看，下一次當寶寶坐在高椅子中，手中抓著一樣玩具開始不斷地敲打著桌面的時候，溫柔，但是堅定地把寶寶從高椅子中抱出來，看看寶寶的反應會是什麼？

大部分六個月大的寶寶，不但會在他離開高椅子的那一瞬間，立刻自動停止敲打桌面的動作；寶寶甚至於連頭也不會回一下、絲毫沒有想要再繼續敲下去的意思。

　　我們的結論是，當寶寶敲桌子製造「噪音」的時候，事實上並沒有「想清楚」他的「目的」是什麼，只是單純地反覆表現出他最拿手的好戲。而一旦您打斷了寶寶的連續動作，他也就會馬上停了下來。

　　對於受不了噪音的家長們來說，值得慶幸的是，用不了多久的時間，聰明的寶寶將會學會：他不能把同一種舉動，運用在所有的對象之上。很簡單，桌子腳是他可以抓在手上的，但是不能拿來揮舞、更不能用來敲其他東西的。

　　經由這麼一段有趣（您也許會覺得是相當心驚肉跳）的過程，寶寶終於能學會如何運用不同的舉動，來對付不同的物體。而唯有當寶寶學會了這一點，他才能夠真正地體會出外界各種物體的不同之處。

　　隨著寶寶與日俱增控制肌肉的能力，他將會開始運用不同的方式來對待不同的物體。寶寶也許會「輕拍」沙發的扶手、「翻動」床上的枕頭、或是用力地「摔」一隻拖鞋。您何不一起來算算看寶寶已經學會了多少本領呢？

　　寶寶會不會不用手掌而「捏」住一件東西？用幾隻手指頭呢？當他玩玩具的時候，手腕是否會上下翻轉？找到自己的小腳了沒有？而當寶寶抓住一隻腳、往自己嘴巴塞的時候，也請您不必大驚小怪地影響了寶寶的學習！

　　寶寶的本事會層出不窮地翻新花樣，也就是說，他會努力在最短的時間之內學會最多的知識。

　　那麼您又能為寶寶做些什麼事呢？剛開始的時候，您可以為寶寶準備一些家中的日用品，例如小塑膠杯、茶杯墊子等安全又乾淨的玩意兒，讓寶寶能夠得到充分的練習。

　　但是在不久的將來，您就會需要為他提供一些比較具有

啓發意義的玩具（例如塑膠積木、套套杯、套圈等），一方面滿足寶寶旺盛的求知慾，另一方面也爲寶寶日後思考與解決問題的能力，預備好一些必勝的籌碼！

六個月的成長里程碑

半歲大了！是一個讓我們好好探討一下，寶寶在各方面成長與發展成果的時機了。本書的作者們在分析與整理許多歐美國家最新的科學資料之後，爲您綜合出以下的幾個要點，幫助您觀察寶寶的成長，並且也提供一個客觀而且正確的參考。

姿勢與肢體的動作

當您六個月大的寶寶平躺在床上的時候，他除了會強而有力、交替地踢著他的兩條腿之外，通常還有可能做兩件事情。寶寶可能會將下巴靠緊前胸，試著探頭去看看自己的一雙小腳；他也有可能會把兩條腿同時高舉在半空中，用手抓住其中的一隻腳，甚至還把腳塞到小嘴中嚐嚐味道呢！

雖然說您的寶寶現在已經學會翻身（趴翻成躺、躺翻成趴）了，但是許多在寶寶平躺的時候，他的兩隻手仍然會強而有力、故意地在半空中不停地揮舞。目的很簡單，寶寶希望有人抱他起來，他不想再兩眼對著天花板了。

如果您此時選擇不抱他起來，而是牢牢地握住寶寶的雙手（記得，不要施力去拉寶寶），他會努力地拱起兩個肩

膀，完全靠自己的力量，主動地將上半身拉成坐起來的姿勢。

在寶寶趴著的時候，他的雙手會撐得直直的、手掌平平的張開來，強壯而穩定地將頭部與上半身高高地抬起來。

此外，半歲大的寶寶還可以只靠著一點點外力的幫助（例如一個小椅墊子），即可輕而易舉地在沙發、或是高椅子中坐得很穩。不僅如此，當寶寶坐著的時候，他還會左顧右盼、不停地轉頭向四周張望呢！當您扶住寶寶的上半身讓他坐在一個堅固的平面上時，寶寶的頭會抬得高高的、背部也會挺得直直的。有一些在這方面發展得較快的嬰兒，甚至於已經可以不需要幫助、自己穩穩地坐上片刻呢！

最有趣的是，當您抱住寶寶，讓他的兩隻小腳接觸到一個光滑而且堅硬的表面時，寶寶不但會試著用腳支撐住自己的重量「站」起來，他還會因為這種全新的感受而興奮不已，雙腿開始使勁兒地蹬，並在您的扶持之下，不停地跳上、跳下！

視力與精密的動作

一個健康而且正常的六個月大的嬰兒，只要不是在他睡眠的時候，是一秒鐘也不會停止觀察他四周的環境的。寶寶最常也最喜歡觀察的，是在一間屋子裡大人們走來走去的活動。只要是會動的、沒有見過的、不同的以及凡是抓得到的東西，全部都會吸引半歲寶寶的注意。

當寶寶注視著某一樣移動中的物體時，他的兩隻眼睛會分秒不差、同步地運轉。提醒您必須要小心注意的一點是，寶寶的雙眼如果在任何的時候表現出「不是」如影隨形似的

移動，例如一隻眼睛偏離中線、或是些許的鬥雞眼，都代表著寶寶眼球運轉肌肉不正常的發育。當遇到這種情形的時候，您應該要盡快帶寶寶就醫矯正，以免拖延過久、錯失了

學習進度表－六個月

（請在此表空格處✔或是記下日期，為寶寶半年來的成長做個總整理。）

心靈與情感
_____ 對陌生人表示友好的態度，但是如果親人不在身邊的話，寶寶會稍微有一點不自在的表現。
_____ 喝奶的時候會把手放在奶瓶、或是母親的乳房上，有時還會輕輕地拍一拍呢！
_____ 對父母與家人各種不同情緒的語氣，會相對做出不同的反應。
_____ 笑容滿面、開懷大笑、甚至於興奮地尖叫。
_____ 用頭與雙眼來觀察、探索屬於他的世界。

與人溝通
_____ 即使是很遠的距離，也會在一聽到父母的聲音時，立刻把頭轉向聲音的來源。
_____ 牙牙學語！發出單一的音節，並且反覆地練習。
_____ 聽得到距離他左右耳各 45 公分距離之內的聲音，並會迅速地用雙眼搜尋與鑑別聲音的來源。

視力
_____ 雙目同步、同方向、整齊一致地共同運行。
_____ 視線會為了追隨移動中的物體，而從身體的一側轉向另外一側。

精確的舉止
_____ 用整個的手掌去取得物體。
_____ 雙手並用地去擷取距離他約一呎（30 公分）之內的物體。
_____ 會將一樣東西從左手交到右手、或是從右手交到左手。

整體的動作
_____ 強而有力地踢腿。
_____ 踢腿的時候，會交替地使用左右腿。
_____ 只要有大人抓住他的雙手，就能夠把自己從平躺的姿勢，自主地拉起上半身而坐直起來。
_____ 趴著的時候，會撐直兩條手臂，強而有力地將頭部與胸部抬高。
_____ 翻身。從躺著翻成趴著，也能從趴著翻成躺著。
_____ 短暫地、不靠扶助地自己坐著。
_____ 當有人將他抱成坐起來的姿勢時，他會抬頭挺胸、把背挺得直直的。
_____ 平躺的時候，會把兩隻腳高舉到前胸的部位，甚至於還會抓住一隻小腳，塞到嘴巴裡去。

此表僅供參考之用。每一個嬰兒都是按照不同的速度與方向來發展的，而他們在每一項成長的課目上所花的時間也不一樣多。此表中所列出的項目，代表著半歲大的嬰兒所有「可能」達到的程度。一般說來，大多數健康而且正常的嬰兒會在某幾個項目中表現得特別超前，但是也會在其他的項目中，進展得比「平均值」稍微緩慢一點。

治療的時機。

　　對於距離寶寶六公分到十二公分距離之間的小玩意兒（例如玩具、小積木），寶寶的雙眼能夠在一瞬間就把焦點對得準確又清楚。同時，寶寶還會伸出雙手去抓住、並且研究這件物體。

　　寶寶現在很可能還是用整隻手（也就是手指頭、手掌與手心並用），來完成「抓」或是「拿」住一件東西的動作。除此而外，您的寶寶應該已經學會，如何將一樣物體在左、右手之間來回互相傳遞了。

　　如果您是一位經常觀察寶寶的家長，您或許已經（或許在不久的將來）看到寶寶會在將一件玩具從一隻手交到另外一隻手中之後，很快地又將空著的那一隻手伸出來，接住或是探取第二樣玩具。何不抽幾分鐘的時間，來試一試寶寶的本事呢？

　　在一個六個月大寶寶的腦海中，一切的物質，在他看不見的時候都是不存在的。換句話說，「物質不滅」的這個道理，對於寶寶還沒有完全發展好的意識而言，仍舊是相當抽象而且難以理解的。

　　當寶寶手中握住的東西，「一不小心」掉了的時候，如果這一件東西是掉在寶寶視線範圍之內，寶寶的眼光會毫不鬆懈地一直盯著物體的降落軌跡。相反的，如果這東西一下子就掉出了寶寶的視線範圍之外，他也許會模糊地用眼睛、與上下拍動的小手去找一下，但是他一轉眼就會把這件東西忘得一乾二淨，並且覺得這件物體已經是徹徹底底的消失無蹤了！

聽覺與語言能力

找一個機會試試看，當父母的聲音從另外一間房間，傳到您六個月大寶寶所在的房間時，他會有些什麼樣的反應？一般說來，聽力與心智都很正常的嬰兒，應該會立即將頭轉向聲音的來源，並且會表現出專心聆聽的神態。不僅如此，寶寶還會在聽到帶有喜、怒、哀、樂等不同感情的語氣時，選擇性地對他父母的聲音，做出不同的反應。

寶寶現在也會發出許多「言語之前」的聲音。他在玩耍、心情好的時候，不但會開心地大笑，有的時候還會咯咯不止，甚至於興奮地大聲尖叫！而當寶寶生氣或是沒有人理他的時候，他同樣也會大聲叫，只是這種叫聲，您一聽就知道是寶寶不開心了。

寶寶還會利用單一或是成雙的語音，有模有樣（有節奏）地自言自語。他不但能使自己不覺得無聊，還會對著別人表達自己的意見。

雖然寶寶正很努力地去發出許多實驗性、類似說話的語音，但是這些都還只是屬於牙牙稚語，不能算是說話。

玩耍與社交

好奇的半歲大寶寶，會用手去抓住每一樣他搆得到的東西，而且寶寶的每一件「戰利品」，也都會被送到他的小嘴中去接受檢查。寶寶還會努力地去靠近一些他拿不到的東西。

對於您的寶寶而言，手與腳之間並沒有多大的區別，同樣的有意思（當然囉，畢竟還不會走路嘛）。有的時候，寶

寶會用一隻腳與一隻手，共同地舉起一件物體來觀察。

當您在寶寶的面前放一件會發出聲音的玩具時，他會把玩具拿起來，先用力地搖晃製造聲音，然後仔細地觀察聲音是如何發出來的。

獨處的時候，寶寶多半會用他的手、腳、口唇與雙眼，反覆研究一件玩具或是他身旁的日用之物。

假如您用雙手蒙住臉和寶寶玩「躲迷藏」的遊戲，他雖然是半知半解、滿腹懷疑的和您一起玩，但是他也會努力學著如何「開心」地玩。

雖然目前寶寶對於所有的人，不論是生張熟李，都一視同仁、友善而且愉快地與人交往，但是您必須要有心理準備，等再過個一、二個月之後，寶寶就會開始進入所謂「認生」的階段了。

總而言之，六個月大的寶寶稱得上是安靜、守本分的。寶寶在人生的第一個半年之中不但是極端的忙碌，並且已成功地踏出了許多成長過程中重要的起步！讀到這裡，何不親一親寶寶，饋慰一下他的努力！

單語、雙語還是多語？

在這個交通與資訊進步，人與人的距離快速縮短的時代裡，我們經常可以見到一個家庭之中，同時使用許多種不同語言的情形。此外，也有許多的父母希望他們的孩子，長大後能有使用多種不同語言的能力。

然而絕大多數的家長們最關心的問題還是，應該是一開始就教寶寶兩、三種語言呢（例如家有媽媽說國語、阿公說

臺語、菲律賓女傭說英語）？還是等寶寶先學會了一種，然後再教他第二、三種語言？什麼時候才是學習第二種語言的最佳時機呢？如果寶寶同時學幾種不同的語言，他小小的腦海會不會因此而迷糊了呢？

不少的研究結果顯示，在孩子對於一種語言還沒有某種程度的聽力與表達能力之前，同時接觸兩種語言，會減緩孩子在語言上的發展。雖然這種言語遲滯的狀況並不是永久性的，但是當孩子在一歲左右剛開始學說話的時候，這種負面影響下的差異就會明顯地表露出來。

站在學術研究的立場來分析，雙語的訓練與學習，在不同的時間與環境配合之下，存在有兩種不同的方式。

第一種，是所謂的「複合式雙語學習」。這是指一個孩子從一出生開始，就不斷地聽到兩種不同的語言同時在家中使用。有的情形是家中不同的分子，固定地使用不同的語言；有的時候則是媽媽或是爸爸不時因為心情或是場合，而說不同的語言；更有些家庭是混合了以上兩種情形的多語家庭。

不容置疑的，生長在雙語環境中的寶寶，對於每一件東西，都必須學會兩個不同的字（語言）。對於寶寶而言，這是十分混淆不清、難以理解的。因此，尤其是在早期學習語言的階段，寶寶經常會陷於迷惑之中，而導致他在兩種語言的發展上，都發生了困難。

還有一種「調合式雙語學習」方式，在這種雙語的學習模式中，通常是父母、家人在家中只說一種語言，而第二種語言則是在寶寶離開家的某種特定場合（例如外婆家、菜場或是學校）中，固定地被使用。在這種情況下，寶寶的雙語

教育仍舊在進行，但是久而久之，孩子一定會比較喜歡使用他最常聽到、也最流利的那種語言。一般說來，中國人學英語都是屬於這種調合式的學習方式，所造成的後果是母語和第二種語言之間顯著的差別。

　　既然兩種傳統的雙語學習方法，都各有優點與缺點，那麼雙語家庭、或是想要孩子有雙語能力的家長們，該如何是好呢？

　　我們的建議是，您一定要提早設想好一套寶寶好學、大人輕鬆、又貼切於家庭生活的「雙語學習策略」。

　　一個簡單的方法就是，每天固定的時間、場合與活動，

固定地使用不同的語言。例如白天阿媽和寶寶說臺語、晚上全家都說國語；您也可以在寶寶每天起床後的第一個鐘頭之內，都用英語和寶寶交談，其餘的時間就使用國語。

　　如此一來，您可以避免寶寶在同一個時間，接收到兩種完全不同的語言的困惑，而藉著時間與空間共同的轉換，讓寶寶更容易明白到他所聽到的，其實是兩種不同的語言。而寶寶也可以在不同的時間，盡情地練習不同的語言。

　　為寶寶安排一個學習雙語的環境，雖然會花費您一些心思，然而不可否認的，在這個瞬息萬變的世界裡，雙（多）語的孩子不但能延續一個民族的傳統精神，同時還能在屬於他的時代中，擁有更多致勝的本領！

🐣 說來聽聽吧！

　　您聽過歌劇嗎？您是否也同樣地認為人的聲音，可以達到世界上任何一種的樂器都無法超越的美妙境界？

　　的確，人聲的抑揚頓挫、喜怒哀樂與起承轉合，在在都是情感與藝術互相融合之後的結晶。然而，人類在生命的早期所表現出來的「發聲」機制與功能，卻大部分與汽車引擎所發出來的聲音一般，純然屬於機械性的運作。因此，寶寶發聲功能的發展，會一成不變地遵循著一些規則與順序。

　　舉例來說，大多數的寶寶最先發出來的聲音，通常都是來自口腔的深處（例如「喀、啊」）。漸漸的，寶寶的發聲能力會轉移到口腔的前方，而依續地發出由舌頭（例如「啦」）、嘴唇（例如「媽、爸」）和牙齒（例如「哪、得」）所製造出來的聲音。

　　您的寶寶在經過六個月以來密集的訓練與學習之後，現在已經能夠成功地掌握住差不多十二種不同的語音。寶寶除了能夠充分地運用這十二種語音，經由變化與組合而由他口中發出許多不同的聲音之外，他還學會了如何成功地改變與控制音量的大小、發聲的長短以及聲調的高低。

　　專家們曾經探討過，生長在孤兒院中六個月以下的嬰兒，與同年齡生長在正常家庭中的嬰兒們，在「發聲」（語言）發展方面的差別。研究與比較的結果清楚地指出，生長在孤兒院中的小嬰兒們，不僅在發聲的數目與種類上，要比在家庭中長大的嬰兒們少了許多；他們所發出來聲調的高低、強弱的變化，也遠遠不及於正常家庭中的嬰兒。

　　從另外一個方面來看，實驗的證據也顯示出：如果您以笑容、擁抱、親吻或是揉揉寶寶的肚子等方式來獎勵寶寶所發出來的聲音，可以引發寶寶更多的發聲練習。

　　現在，正是您開始和半歲大的寶寶「對談」的最好時機。您不但應該經常地與寶寶對話，並且每天還應該在固定的時間，養成和寶寶談心的習慣。

　　您也許會問，對著一個似懂非懂的寶寶，該說些什麼才好呢？建議您在寶寶每一次發聲練習停頓片刻的當兒，立即摹仿寶寶才說完的語音，不斷地「覆誦」幾遍寶寶的「話」。

　　此外，您還必須要記得為寶寶提供一些嶄新的經驗與刺激。雖然說寶寶現在還不會完全雷同地發出他所聽到的每一種聲音，但是愈是豐富的外在「音響效果」，就愈能刺激寶寶自我翻新語音種類的潛力。

　　會口技嗎？試試對著寶寶說說非洲土話！而當寶寶對於您所發出來的聲音表現得興味十足的時候，停一停，等等看寶寶會不會用貓叫聲來回應您！

　　經過一段時日的練習之後，您與寶寶每一次對話的時間會逐漸地加長，而寶寶也會變得一次比一次更加的認真！

　　相反的，如果寶寶對於您的努力沒有什麼反應的話，您也不必過於在意，因為寶寶當時也許心裡正在想著其他的事情（例如一樣正在玩的玩具，或是奶瓶、乾淨的尿片），而缺乏興致來和您對談！別氣餒，「覆誦」會幫助寶寶語言的學習，您「覆誦」他、他也一定會「覆誦」您！

誰是「標準寶寶」？

親愛的家長們，在您閱讀本書的經驗中，相信您經常會讀到類似：「一般說來，當一個六個星期大的寶寶趴著的時候，他可以抬高頭部……」之類的內容。

愛子心切的您，如果發現寶寶早在他四個星期大的時候，就已經能夠抬起上半身來，您是否會暗自竊喜，自己的寶寶比其他的孩子要來得聰明許多呢？

又或者您的寶寶已經三個月大了，但是仍然無法完成趴臥時抬頭的動作，您的心中是否會不安地認為寶寶也許很笨，甚至於開始猜想寶寶是否有某種程度的「障礙」？

正是因為以上的兩種心態，都不是我們為您準備本書的用意，因此我們打算利用一些篇幅來為您說明，我們所謂的「一般說來」、「標準寶寶」到底是什麼涵義。

首先，當您觀察半歲大寶寶的同時，也請您和我們一同來想像，世界上所有和寶寶一樣大的嬰孩們都有些什麼特徵呢？

當我們說「標準寶寶」的時候，其實我們是指在某一個年齡層的孩子，「大部分」、「通常」或是「普通」所展現出來的特點。中國人常說的「七坐八爬」，指的是大多數的孩子七個月的時候會坐、八個月的時候會爬，而這也正是一種「一般說來」的結論。

專家們在觀察與研究一群年齡相同、數目龐大（在統計上有足夠的份量）的寶寶之後，通常都能找出在這個年齡的孩子，「平均」說來會有哪些「客觀而公正」的成長特徵。

因此，如果您的寶寶在某一個年齡，展現出「平均值」的發展（例如寶寶三個月大時會翻身），那麼您的寶寶在這一方面（翻身）的進度，就可以算得上是十分「標準」了。

對於家長而言，一個不可缺少的心態就是，一個正常的寶寶，在每一個項目的發展都是完全標準（與平均值相吻合）的「機率」，是微乎其微的。您的寶寶也許在某些方面的發展非常「標準」，但是他也很可能在其他方面的進度，遠遠地超前或是經常性的落後。

也就是說，在每一個項目都符合標準發展的「標準寶寶」，事實上是並不存在的。然而當我們爲您按月準備本書時，我們發現使用「標準寶寶」的概念，能讓家長們心中有所期待與準備，知道寶寶在每一個不同年齡的成長階段，將「多多少少」展現出哪些值得您注意的特徵。

再說得明白一點，當我們參考了許多學術上的數據，而發現大部分的專家們，都能在大多數六個星期大的寶寶身上，看出趴臥時抬頭的動作，我們就會寫下：「一般說來，當一個六個星期大的寶寶趴著的時候，他可以抬高頭部……」

許多關心孩子心智成熟與發育的父母們，希望能有一本參考書好讓他們瞭解寶寶在什麼年齡做什麼樣的事、有些什麼樣的心智能力，才算是「正常」、「合理」的。因此我們覺得，爲讀者們提供一個「標準寶寶」的概念，可以適當地表達學術上的研究結果。

在我們的想法中，「標準寶寶」其實就是「平均值寶寶」。因此，我們從來不認爲如果您的寶寶表現出「超前於標準」的進度就是「天才」。同樣的，如果您的寶寶「落後

於平均值」，也絕不表示他就是「弱智」。

　　幼兒的成熟與發育，並不是像四時節令的變化一般一成不變；人類的成長與發展，也不是像設了定時裝置的鬧鐘一樣，時間到了就一定會發生鈴響。

　　雖然說每一個孩子在成熟與發展的過程中，都有一些必須經過的階段與順序（例如小孩子要先學會翻身，才會坐、才會爬、才會走路、才會跑……），但是每一個小生命卻也各自擁有他獨一無二的速度、特色與時間表。

　　用一個最簡單的例子來說，世界上沒有任何兩個孩子的身高，是按照相同的速度在增加的。同樣的，也沒有任何一個孩子，他從小到大身高增加的速度都是完全固定的。也許您的寶寶今年之內長了五公分、明年長十公分、後年長一公分，但是他身高的增長仍然可說是非常的「標準」。

　　此外，所謂的「一般說來」、「標準」的寶寶，不但是涵蓋著相當廣大的層面（身高、體重、視覺等），同時還包括了許多的不同之處。例如六個星期大的寶寶趴臥時，有些可以把頭抬得很高，而有些只能稍稍仰起一些角度，但我們認為他們都可以抬高自己的頭。

　　「標準寶寶」生長的進度，和我們所一再為您整理出來的「成長里程碑」，其實是有著異曲同工的用意。我們可以經由寶寶每一個里程碑的發展，核對寶寶在成長的大道上，是不是朝著正確的方向，以一種適當的速度往前行。舉凡趴臥時的抬頭挺胸、坐、爬、站、走、說第一個字、唱第一首歌，在在都是身為寶寶啟蒙師的您所必須要小心與切實觀察的。

　　對於每一項成長里程碑而言，通常都有60%到70%的孩

子，會在一段相當接近的「正常」時間範圍之內完成。而這段時間範圍的長短，又是依照每一個不同的里程碑而有所不同。

也就是說，對於某種機能而言，世界上每一個和您寶寶同年、同月、同日出生的嬰兒，都會先後在差不了多久的時間範圍之內，成功地達到這個里程碑。但是對於某些其他的發展而言，這一批寶寶們卻也有可能先後相差個很長的一段時光，才會全數完成。

我們所指的時間「範圍」，是指包括了大多數「超前」以及「落後」於標準寶寶的嬰兒們在內，他們在達到某一項里程碑時的年齡。

如果您的寶寶提前達到某一項里程碑，那麼您大可不必擔心寶寶在這一方面的發展。但是，萬一您的寶寶是屬於落後於「標準寶寶」的那一組呢？

即使是在大多數（75%到80%）同年齡的嬰兒，都已經達到、並且完成了某一項里程碑，而您的寶寶還是「毫無動靜」的時候，您都不用太過緊張。大多數的時候，寶寶需要的只是稍為多一點的時間、耐心，甚至於有的時候只是少許的「提醒」。

然而，您也應該要繼續密切、仔細地觀察您的寶寶，也許您也可以開始對寶寶的小兒科醫生提出心中的疑慮。

對於大多數寶寶心智與成長方面的問題，我們強調的是「預防勝於治療」。然而如果問題已經存在，那麼在寶寶年齡愈小的時候發掘出問題的存在，就愈能早日有效地補救。

如果您的寶寶真的有某些方面發育、成熟的障礙，在幾乎所有同年齡的孩子都已完成某一項里程碑（例如扶著東西

站起來），而您的寶寶還不能有所突破、或是試圖去做（例
如寶寶還是整天趴在床上、滿足地東張西望）的時候，那麼
您就真的不能掉以輕心了。您應該開始為寶寶尋求醫學上的
幫助。也許寶寶的延遲發展，是由一些比較不容易改變的原
因所造成的（例如先天性的大腦受損）。但也許寶寶的問題
只是屬於肢體上可以矯正的小缺點
（例如寶寶的腿骨生長不良）。不論
如何，我們都建議您要保持冷靜，詳
細地和醫生商量輔助寶寶的好辦法。

_____ 提醒您 ✏ _____

❖寶寶白喉、百日咳、破傷風混合疫苗；B型肝炎疫苗；小
　兒麻痺口服疫苗是否按時接種？

❖有沒有抽一點時間為寶寶的「成長里程碑」刻劃下寶貴的
　紀錄？

迴　響

　　本人最近開始按月收到《教子有方》。我發現這份刊物十分別緻！《教子有方》精彩、有趣與精闢的内容，經常使我忍不住一讀再讀。

　　我不是一個懂得如何來寫這類感謝、稱讚信件的人，但是我心中止不住的感受，促使我提筆寫了這封信。我覺得我一定要讓您們知道，我是多麼喜歡這份刊物。

　　盼望著孩子早點長大，也期待著早日收到下一期的《教子有方》！

馬太太（美國亞歷桑那州）

第七個月

心肝寶貝的魅力

　　七個月大的寶寶，可愛得不得了！他不僅是天眞活潑、人見人愛，並且還會開始主動出擊、吸引別人的注意力，讓您深深陷入他的魅力之中。

　　您的寶寶現在最沉迷、也最喜歡做的一件事，就是千方百計地「製造」出許多的聲音來。寶寶除了會不斷地利用四肢與身體，想辦法「弄出」許多音響效果之外，他最爲醉心、也最樂此不疲的一個活動，就是「牙牙學語」。

　　所謂的「牙牙學語」，就是在寶寶練習發聲的過程中，當他受到大人的讚許和鼓勵之後，會興高采烈、持續不斷地重複發出同一類聲音的一種行爲模式。

　　例如說當寶寶無意之間發出了幾聲類似「ㄅㄚˋ」的語音時，如果他因此而就接到了媽媽的親吻、奶奶的微笑和爸爸滿意的點頭等熱情的回報與肯定，那麼信心大增的寶寶，將會「一口認定」這個語

七個月的小寶寶喜歡做的事：
- （不靠幫助地）自己坐著。
- 運用大拇指和其他手指之間合作的能力，達到自己的目的（例如「拾起」一個積木）。
- 咬住他的第一顆牙齒。
- 停、看、聽。

為寶寶提供以下的項目：
- 洗澡時的玩具。
- 音樂聲、搖籃曲。
- 可以供寶寶「製造」聲音的物體，例如一捏就會叫的小娃娃。
- 盡情戲水的洗澡時光。

音，然後展開他馬拉松式的練習。寶寶將會以一種無比驚人的耐心與毅力，在每一個可能的時機，對著每一個可能的對象（有的時候也許是一個小狗熊），一遍又一遍、機關槍似地重複說著「爸爸爸爸爸爸……」，直到所有的人（包括他自己）都聽膩了為止。

七個月大的寶寶除了「不甘於安靜」之外，他也非常喜歡「聽聲音」。

寶寶不僅愛聽由他自己所製造出來的聲音，還特別喜歡聽日常生活中，大人們對著他說話時所發出的「人聲」。

試試看，當您對著寶寶說話的時候，他除了靜靜地聆聽您的話語之外，是不是還會表現出一種相當專注的神情？

您家中的這一位小寶貝，除了是能「言」善「道」的演說家外，還是一位最忠實的「聽眾」呢！您認為他夠了不起了嗎？其實還不止哪！

一般說來，七個月大的小嬰兒所擁有最厲害的「絕招」，正是本章標題所描述的──心肝寶貝的魅力！寶寶知道他在您心目中的重要性，也明白可以藉著表達自己的喜好與需要，而百分之百地吸引住您的注意！愛子心切的您，準備好要來接這一招了嗎？

何不讓本書傳授您幾招和寶寶過招的方法？

您七個月大的寶寶已經懂得一個道理，那就是只要他一哭，立刻就會有人來為他換尿片、餵他喝奶或是解除一切足以讓他哭的原因。聰明的寶寶同樣的也發現，每當他牙牙學語的時候，就會有些大人們在一旁吆喝助陣，為他打氣。

從好的方面來想，這些來自於家人們正面的鼓勵、及時的肯定與愛的支持，都是引導寶寶繼續「學說話」的過程

中，重要的驅動力量。

　　但是如果從負面的立場來研究，我們也發現到，如果在寶寶剛剛開始喃喃自語的時候，沒有一些啦啦隊員在一旁不厭其煩地「湊熱鬧」的話，那麼驅使寶寶牙牙學語的原動力，就會（彷彿是自討沒趣一般）逐漸地被削減而冷卻了下來。

　　同樣的道理，當一個小嬰兒因為某些身體上的不舒適而哭了的時候，如果沒有任何人來回應他的哭聲，只是任由寶寶哭上很長的一段時間，那麼久而久之，寶寶將會認為他的努力完全是沒有用的，而不會再用哭聲（或是其他的方法）表達自己的需要。

　　這麼說來，身負寶寶啟蒙重任的您，是否應該就從現在開始，努力扮演好寶寶「應聲蟲」的角色呢？

　　也不盡然！因為我們也發現到，在父母幾乎是十全十美的照顧下長大的小嬰兒，反而會因為缺少了許多表達自我需求的機會，而在言語溝通的發展上，發生了緩慢與延遲的問題。

　　換句話說，如果寶寶從一出生起，就生長在一個日常生活非常規律的家庭中，每一件事情都像是火車時刻表一般地準時發生；又或是每一次在寶寶剛開始哭的時候，他的周圍許多充滿愛心的家人們，就會立刻趕來解決寶寶的問題，那麼寶寶對於哭這一件事的興趣與動機，就會逐漸地減弱了。

　　試想當一個人過著茶來伸手、飯來張口的生活時，他還需要整天大聲疾呼吃不飽、穿不暖嗎？

　　因此，如果在寶寶的日常生活中，總是有許多親人等著來陪他玩、說故事、或是唱歌給他聽，這麼一來，寶寶能有

想說一些「話」、對大人做一些要求、表達一下自己的意見
的機會，就會自然而然地減少了！

　　七個月大的寶寶最需要的是，在家人的關愛與忽視之
間，尋找出一個真正的平衡點。而如果您能在幫助寶寶學習
與揠苗助長之間，拿捏住恰到好處的分寸，那麼當您與魅力
十足的寶寶過招時，應該算是勝算在握了！

　　您也許會問，七個月大寶寶的牙牙學語聲，和寶寶過去
所發出的哭喊聲，有些什麼關聯或是異同之處？

　　在寶寶開始牙牙學語（七個月）之前，他所發出來的聲
音，純粹是為了表達在生理上的各種好、或是不好的感受。
但是現在，當寶寶「開口」的時候，他不僅會表達出他的感
受，寶寶還會為了只是想聽一些「聲音」，而製造出一些他
能自得其樂的聽覺。

　　寶寶不僅喜歡那種屬於官能方面「主動發聲」的感覺，
同時還非常熱衷於聽自己所發出來的聲音。

　　寶寶喜歡聽聲音之中的旋律、節拍，還有聲調的高低。
也正是因為這一份喜好，寶寶會學習與重複聲調中的抑揚頓
挫，再經由重新拼湊的排列組合，創造出一些對於寶寶而
言，嶄新的音韻與語調。

　　對於一個正在盡全力發展語言能力的寶寶而言，不斷的
牙牙學語，不但能夠提供他的口舌、唇齒、甚至於聲帶肌肉
充分的練習機會，同時還能促使寶寶的口齒，早日達到清晰
流利的程度。

　　正如同七個月大的寶寶會在嘗試與錯誤之間，學會如何
適當地「移動」四肢與身體一般，當寶寶咿咿呀呀「亂說」
一通的時候，他其實正在努力實驗，如何才能說出大人們所

使用的話語哪！

物質不滅

在過去這一段日子中，我們曾經陸續爲您說明寶寶對於「身外之物」所抱持的看法以及瞭解的程度。我們也曾經直接或間接地強調過，對於成長中的寶寶而言，如何能將心思與注意力完全集中在一樣物體之上，所代表的重要意義。

也就是說，唯有當寶寶能夠定睛凝神將思緒專注於外界的物體上時，這個世界才能在寶寶的意識中沉澱與穩定下來。

我們也曾經藉著寶寶「讀臉」的過程（詳見第三個月），來爲您說明寶寶對於周遭的物體，是如何先在心中形成簡單的印象（有一些心理學家們稱之爲「未成熟的圖式」），然後再經由比對許多相同或類似的物體，最後才在腦海中累積成爲一個完整的概念。

經由許多學術實驗的研究結果，我們發現七個月大的寶寶對於新鮮的事物（而不是他一天到晚看慣了的東西）十分有興趣，因此他已經可以輕而易舉地認出許多「時常」看到的東西。試試看，您的寶寶是否已經可以在您每天推著他散步的路上，認出街上的「車子」、「房子」，甚至於「狗」？

沒錯，寶寶會專心地研究或是一下子就認出一樣東西、景物。但是，在寶寶內心的深處是否會「想念」或是「渴望」著某些人、事與物呢？寶寶是否曾經在媽媽不在身邊的時候，「想要」看到媽媽那一張親愛、溫柔又充滿關懷的笑

臉呢？他又會不會在出門作客、卻忘了帶他心愛的小毯子的時候，「幻想、假裝」他的小毯子就在身邊呢？

　　為什麼我們要知道寶寶是否會去「想」一些看不到的東西？而如果寶寶會想，那麼他所想到的，又是哪些看不到的東西呢？

　　答案很重要、也很簡單。因為當寶寶再大一點之後，他的言行舉止將逐漸開始由一些深藏在他腦海之中，看不見、也摸不到的知識與想法所操縱與支配。您不妨想一想，當一個人在真正「動腦筋」解決問題，或是設計、發明、創造的時候，是否是處於一種純粹抽象的大腦活動之中？而在這種時刻，大腦中最基本的一種認定就是，一切的物體，即使是在雙眼看不到、雙手也摸不到的時候，都還是存在的。

　　雖然說到目前為止，還沒有任何科學的方法能夠真正地分解寶寶的大腦，並清楚解讀他的記憶與想法，但是我們仍然可以藉著許多間接的觀察，來釐清七個月大寶寶的思緒。以下我們就為您介紹一種簡單、但是有趣的方法，來猜猜寶寶的心！

　　您可以試一試，趁著寶寶正在玩著一件他非常感興趣的玩具時，友善地先將玩具放在寶寶的面前，然後再在寶寶的注視之下，將一個空罐子或是空紙盒子，將玩具整個蓋住，使得寶寶無法再看見他喜歡的玩具。

　　寶寶的反應會是怎麼樣呢？當他的玩具被蓋住了之後，寶寶可能會十分疑惑地看著您，也可能會立即就轉移目標，很快地又重新找到另外一樣東西（可能就是用來蓋玩具的空盒子）投入他的注意力。

　　但是一般說來，七個月大的寶寶還不會去掀開蓋住玩具

的東西，主動尋回他的玩具！事實上，**寶寶**看起來彷彿是在玩具被蓋起來的那一刹那，就已經忘記了它的存在。

換句話說，在寶寶的腦海中，凡是雙眼看不到的東西的「印象」，會立即被拋到九霄雲外去，直到他下一次再見到同樣的物體時，寶寶才會重新「想起」、或是在心中浮出這件物體的「印象」來！

正是因爲寶寶這種「過目即忘」的作風，使得許多著名的心理學理論家們相信，寶寶在七個月大的時候，認爲一切物體是「眼不見就不存在」的。

根據這個理論，您的寶寶現在唯有在他看到一樣曾經見過的物體時，才會「認出」或是「想起來」這件東西的存在，而不會「無中生有」地去「回想」一些事與物。寶寶並不是沒有記憶，而是在目前這個階段，寶寶的記憶是完全由「親眼看見」這一件事實所啓動的。

您現在應該已經更加明瞭嬰兒與成人之間的差別了。但是，您是否曾經想過，寶寶要如何才能跨越這一道無形的「代溝」，成功地發展出屬於成人的一套思考方式呢？身爲家長的您，又應該如何幫助寶寶，搭建起他成長旅程中的橋樑呢？

對於七個月大的寶寶而言，如果他想要更進一步瞭解他所身處的世界，當務之急就是要先想辦法改變舊有的想法，認清楚「物質不滅」（也就是即使是在他看不見的時候，東西還是存在）的道理。

因此，您所能幫助寶寶最好的方式，就是儘量使一樣寶寶感興趣的東西，在相隔不久的時間內不時反覆地「冒出來」、「不見了」，然後再「跑出來」……。

您是否已經和寶寶玩過這一類的遊戲了？試試看您整個人躲在椅子後面，突然地把頭伸出來，然後再躲回椅子後面。當您一再地和寶寶玩這個遊戲的時候，他會漸漸在看不到您的時候，「期待」著您的腦袋從椅子後面冒出來。

您也可以和寶寶玩「躲貓貓」，在寶寶看不到您的時候，喊一聲寶寶的名字。久而久之，寶寶應該就會開始在朝向聲音的來源的同時，試著在他的腦海中「聯想」出那一張他遍尋不著的您的臉孔！

還有一個更好的玩法，就是先用一條寶寶可以清楚看見的繩子，綁住一件寶寶心愛的玩具。您不妨先讓寶寶盡情地玩一下這件玩具，然後用綁著的繩子，慢慢把玩具拖到一個障礙物的後面，讓寶寶親眼看著他心愛的玩具逐漸地消失在眼前。

剛開始的時候，也許寶寶會表現得「鈍鈍」的，那麼您可能會先需要利用一件比較差的障眼物，讓玩具「若隱若現」地出現在寶寶的視線範圍之內。等到寶寶能夠將玩具從障眼物後面取出來的時候，您再換一件比較大、比較看不穿的障眼物，來和寶寶玩這個遊戲。

一般七個多月大的小嬰兒，在反覆地玩了幾遍這種遊戲之後，會開始用目光追隨著玩具移動的軌跡，然後「恍然大悟」地發現到，他眼睛看不見的心愛玩具，居然就在障眼物的後面等著他去玩！到此，寶寶算是開始領悟到「玩具並沒有消失、只是看不

見」的道理了。

在本書作者們的眼中，能夠幫助寶寶懂得物質不滅最好的「安排」，是當玩具藏在其中的時候，**寶寶仍然可以從某一個角度清楚地看到玩具**。

您見過鐘形的搖鈴嗎？是不是只有在當您從鈴的下方朝上看的時候，才能看得到鈴舌？而當您搖鈴的時候，您看得到那粒小小的鈴舌嗎？

您也可以自己動手爲寶寶做一件與搖鈴異曲同工、且能寓教於樂的親子玩具。您所需要的只是一個拆開了一面的長形（圓的或方的都可以）容器（例如用一個拆開一端、洗乾淨的牛奶紙盒）、一小段繩子或毛線、一粒大的釦子、一樣寶寶喜歡的玩具、五分鐘的時間和一顆無比的愛心，如此就可以完成這個教具了。

爲了要使玩具如同鈴舌一般懸垂在容器之中，您可以先用繩子的一端綁牢玩具，然後再將繩子的另外一端，由內而外地穿過容器沒有拆開的一面（您可能需要先在容器適當的部位打好一個小洞），最後再利用鈕釦，將蠅子的一端繫牢固定在盒子的外側。

這麼一來，因爲**寶寶**的玩具會有重量，所以能懸垂在容器中。當您搖晃一下或撞擊容器的四周時，就會發出響聲來。然而，寶寶除非是從容器開口的一端往裡看，否則他是看不見掛在其中的玩具的。

隨著寶寶不斷的練習，當您的**寶寶**開始對一件他看不見的物體產生興趣時，您就可以肯定地對自己說，**寶寶**已經懂得了心理學家們所定義的「物質不滅」（也就是物體是永久

地存在）的道理了。

在不久的將來，當成長中的寶寶愈來愈對於「物質不滅」的道理有了更深入的心得與認知之後，您將發現寶寶會以一種「萬夫莫敵」的氣概與毅力，排除一切阻擋在他與心愛事物之間的障礙，想盡方法達成目的。

到了那個時候，則又是另外一種層次的成長與發展了。

猜猜我是誰？

有一派兒童語言學家們認為，在嬰兒的成長過程中，愈是有許多人對他說許多話，孩子就會愈早開始說話。

根據這套理論的說法，生長在人多嘴雜、或是父母非常健談的家庭中的孩子，會比生長在單親、或是家人沉默寡言的家庭中的孩子，要提早開始說話，也比較會說話。

您以為呢？雖然這種說法很難用現代科學的辯證方法加以測試，但是其中的邏輯與推論，確實和我們的觀察不謀而合。就以三到五歲左右的孩子來說，那些經常有人讀故事書給他們聽的幼兒們，往往會比那些沒有人陪他們說故事的孩子們，要早一點開始認字、閱讀和說故事給別人聽。

小嬰兒接收語言的能力，取決於他和父母、親人的相互關係中所培養出良好的聽力以及敏銳的觀察力！

這麼說來，身為家長的您，應該要為寶寶語言學習的進步，變得比平時更加「聒噪」嗎？沒錯，而且還不僅是如此呢！

要知道，七個月大的小嬰兒，雖然還聽不懂您所說的話，然而聰明的寶寶卻可以經由您說話時的語氣、手勢、身

體的姿勢、臉部的表情，而領會到您的心意。

因此，您不但應該要多多和寶寶說話，當您說話的時候，還要盡可能地運用各種的「行為、肢體語言」，誇大您聲調之中的「抑揚頓挫」，用非常豐富的表情，來輔助表達您的詞意。

從日常生活中的小地方來說，當您對著寶寶說：「來這裡」的時候，您可以同時朝著寶寶張開您的雙臂。如果您要寶寶：「把玩具拿給我」，那麼您最好也把手心伸出去，做出「給我」的手勢。當您為寶寶沖好了一瓶奶水的時候，您可以一邊對著寶寶說：「喝奶囉！」，一邊把奶瓶遞給寶寶。

您也可以跟寶寶「演演戲」！假裝您找不到寶寶了，然後故意在寶寶的面前大聲嚷嚷：「寶寶呢？寶寶怎麼不見了呢？」發揮您的戲劇天份，假裝您到處找都找不到寶寶，最後才「欣喜若狂」地找到他了！

雖然說這些舉動有一些誇張、也有一點「三八兮兮」的，但是寶寶卻可以因而發展出許多對於語言的認知能力。所以，親愛的家長們，建議您放下現代人「冷酷」、「強人」的身段。在孩子的面前，何妨搖身一變，成為一位最佳的舞臺劇演員呢？

此外，當您和寶寶在一起的時候，不論是玩耍也好、說話談心也好，都可以在您的語調之中，多多添加一些旋律和韻味。音調可以時高時低、音量可以時大聲時輕柔、速度可以時快時慢、語氣也可以時興奮時平靜。

當寶寶在和您玩這許多遊戲的同時，他會慢慢地開始把您的舉止和您的話語聯想在一起，成功地開啓他瞭解語言的心靈之窗。

您會玩「猜猜我是誰」這個遊戲嗎？我們認爲這是一個能夠訓練寶寶認知能力的好方法，只要稍微費一點心思，「猜猜我是誰」就可以變成一個寓教於樂、溫馨、又百玩不厭的親子活動。

您可以先用一條大毛巾遮住您的臉，想辦法在寶寶面前晃動大毛巾或是發出一些怪聲音，小聲地問：「猜猜我是誰？」來吸引寶寶的注意。

試著讓寶寶用手來掀、或是扯毛巾。當您從毛巾的一角偷看寶寶有沒有注意您的時候，小心不要讓寶寶發現了您。然後，趁著寶寶不注意的時候，您自己將毛巾揭開，同時一邊還可以喊一聲：「原來是媽媽呀！」

在此我們要提醒您的一點是，雖然寶寶現在已經比較能適應許多種不同的噪音、雜音，但是如果聲音太大、或是太突然，寶寶還是會被嚇一跳的。所以，小心別在您拉開毛巾、揭曉謎底的時候，像定時炸彈一般突然地大叫一聲：「原來是媽媽呀！」因爲，這麼一來您反而會因爲太大聲而嚇著了寶寶，也影響了他玩耍（學習）的興致。

您的寶寶將會愛上這個「猜猜我是誰」的遊戲，而在往後的日子中，不斷地找機會和您玩。

七個多月大的寶寶可以從「猜猜我是誰」之中，學會將「媽媽」這兩個字和媽媽的臉聯想在一起，進而瞭解到這個

意會而非言傳

寶寶從六、七個月大左右開始，就已經能分辨出別人對他說話時語氣之中的「善意」與「敵意」。也就是說，寶寶已經開始對於他所聽到和看到的，有了一些情緒上的感受。

雖然說寶寶還不能「逐字」懂得其中的涵義，但是他對於大人說話時的聲調、手勢、臉部的表情、眼神、以及整體動作等「肢體語言」，已能做出正確的反應。也就是說，寶寶不會計較別人說的是什麼，但是卻能從別人對他說話時的方式，而揣摩出話中的涵義。

很多人喜歡在對著小嬰孩說話的時候，刻意地誇大語氣中的聲調。寶寶也會從他的經驗中學會，不同的聲調代表著不同的詞意，他的感受也不同。想想看，當您在說「小乖乖」和「不許動」的時候，用的是不是相同的聲調和語氣？

總而言之，當寶寶還無法聽得懂我們語言之中，每一個字的涵義時，精明的小傢伙還是可以經由其他方面細微的觀察與體會，而明白您的心意。

片語的意思。

如果家中有其他的成員也經常和寶寶玩「猜猜我是誰」，那麼寶寶將更容易迅速學會，親人之間各種不同的稱謂所代表的不同關係和意義。

寶寶就是藉著這種（遊戲之中）潛移默化的過程，逐漸地心領神會語言的奧妙。

除此而外，「猜猜我是誰」還可以幫助寶寶建立起前文中所曾經討論過的「物質不滅」的概念。這麼一個一舉兩得又好玩的遊戲，您是否願意試著和寶寶玩一玩呢？

學習就是舔、看、丟！

　　您有沒有發覺，寶寶在最近的一段日子裡，特別喜歡不停地「東張西望」？七個月大的寶寶，是不是已經會自己「坐」起來，轉動一對圓滾烏黑的眼珠子、四面八方到處看來看去？

　　當寶寶坐起來觀察這個世界的時候，他所看到的是一幅和趴著或是躺著時所看到完全不同的新氣象。您的寶寶不但非常喜歡享受這種「身處」於新世界中的感受，同時也會覺得他是這個世界中重要的一分子。他可以「雙眼」平視周圍的人、事和物。

　　此外，日漸「獨立自主」的寶寶，也可能經常在他的小床中坐起來、玩起自己的腳趾頭；在地板上把自己滾到玩具所在的地方，去拿他的玩具；寶寶也會繼續不斷地製造與嘗試許多新的語音，甚至於還會咿咿呀呀地對您「說話」哪！

　　雖然說，寶寶現在還不會真正地運用言語來表達他的意思，但是他已經懂得如何用一些「非言語的方法」，來宣洩與表達他的喜、怒、好、惡。換句話說，寶寶現在對於他所聽到、看到和所感受到的一切，都有他自己的意見和想法。

　　寶寶現在也會「主動出擊」，更進一步地利用雙手、嘴唇和舌頭，好奇地去感觸、體會、探索與瞭解他所能掌握到的物體。

　　舉一個比較清楚的例子來說（您也可以試試看），如果您將一個寶寶從來沒有見過的小東西（例如一個新的小塑膠茶杯）放在他的小手之中，寶寶的反應一般會先什麼也不做

地看著這樣東西、體會一下摸起來的感覺；然後寶寶會試著把這東西「塞」到他的小嘴中，用嘴唇、舌頭來檢查一番；最後，**寶寶會非常暴力地將您交給他的這一件物體，用力地往牆上、地上、或是其他堅硬的表面上敲打**。

這些屬於七個月大寶寶的舉動，看在大人的眼中雖然有些奇怪，但是成長中的寶寶卻可以藉著這種方式，來「搞清楚」在他的勢力範圍之內，一切物體的大小、形狀、材料、結構、甚至於味道和重量。

我們建議家有七個月大「好奇寶寶」的家長們，千萬不要在有意無意之間，阻撓了寶寶的「學習」。

我們鼓勵您，要能夠儘量為寶寶挑選一些可以滿足他好奇心的東西，讓寶寶每天都有足夠的時間和機會，安逸放心

地看個夠、摸個夠、舔個夠和敲個夠。因為這麼一來，您不但能夠讓寶寶更加多元化地接觸這個世界，充分地滿足寶寶的好奇心，更重要的是，寶寶的「求知慾」也會因而被激發到最高點。

您也許會問，該為寶寶準備些什麼東西才好呢？我們建議您不妨從「大自然」開始著手。冰塊、石頭、木片、羽毛、綿布等等，都是非常好的「啟蒙教材」。當寶寶忙得不亦樂乎正在「研究」的時候，您也別閒著，您可以同時為寶寶解說他手中物體的形狀、感覺、質料以及其他的特性。

譬如說，您可以一邊讓寶寶摸一塊大石頭，一邊對寶寶說：「石頭摸起來硬硬的、涼涼的。大石頭很重，小寶寶搬不動。」您也可以試著當寶寶玩冰塊的時候，告訴他：「冰塊摸久了就會化成冰水，冰水過了一陣子，就變得溫溫的

了。」讓寶寶感覺一下冰塊、冷水和熱水之間的不同。您還可以更進一步地，在寶寶抱著一個橘子玩了一陣子之後，當著他的面撥開橘子，告訴寶寶：「橘子皮是苦的不好吃，撥開後的橘子既多汁、又好吃。」然後再讓寶寶研究、感覺果瓣的特性，分辨一下橘子皮和橘子肉之間的差別。

雖然寶寶距離自己會吃飯、會喝水還有很長的一段時間，但是您也可以在吃飯的時候，用塑膠小碗盛一些果汁，給寶寶一隻小的塑膠湯匙，鼓勵寶寶試著用小湯匙舀一些果汁餵自己喝。這種練習雖然會增加許多事後的清潔工作，卻是寶寶的一個絕佳學習機會，您願意讓寶寶試一試嗎？如果您沒有太多的時間整理善後，那麼何不先讓寶寶用白開水來練習呢？

七個月大的寶寶還有一項最重要的特徵，就是他會開始練習（或是已經學會）如何讓一件抓在手中的物體「離他遠去」！

您也許在過去曾經注意到，當寶寶手中抓住一樣東西，而他的注意力又被其他的事物所吸引的時候，寶寶的小手會「不由自主」地鬆開，而放開了手中的物體。過去這種被動的、無意識的鬆手舉動，和我們現在所討論的主動的、有目的的鬆手，是屬於兩種完全不同的發展層次。

所謂「自主式的鬆手」，指的是當寶寶想鬆手時主動的鬆手，這是一種比較困難的技巧。寶寶必須要經過好幾個不同的發展階段，才可以逐漸掌握其中的訣竅。首先，**寶寶要先學會「丟」**；然後**寶寶會開始「誇張」地放下一樣東西**；最後，**寶寶才能準確地控制好「東西離手」與重力之間的相對作用，成功地學會如何去「鬆手」**。

　　讓我們先在本章中為您討論一下寶寶學習「鬆手」的第一步——「丟」東西吧！一般說來，在寶寶七個月大的時候，他會為了要讓一件東西「離開」他的小手，而不得不用盡氣力、打直手臂、然後再撐直他的五隻手指頭、將原本握在手中的物體「甩」出去。

　　也就是說，寶寶「丟」，是為了要「放鬆」他的小手。然而當我們更進一步分析寶寶的行為時，我們發現了兩個有趣的心態。

　　首先，因為寶寶需要充分的練習，所以他會不分青紅皂白地「甩」開手中的任何一件物體。但是聰明的寶寶也很快的會開始運用其他的感官，來觀察東西被丟出去之後的「下場」。寶寶的雙眼會看著東西被丟出去，也會聽到東西撞到地面的聲響。漸漸的，寶寶會因為想要聽一聽、看一看手中的物體如果被「丟」了出去，會產生些什麼後果，而故意丟掉手中的東西。

　　我們希望家長們能有健全的心理準備，那就是不論寶寶丟東西的「目的」是什麼，這種舉動的本身就是一種非常重要的學習。請您一定要信任寶寶，他絕對不是故意想使壞，也更不是想藉著丟東西來引起大人的注意。

　　您也許要問，丟東西能讓寶寶學會什麼大道理呢？首先，寶寶要學會如何在他不想拿住一件物體的時候，能讓物體離開他的手。寶寶同時還會學會「因（丟）果（掉到地上）關係」的基本道理。此外，寶寶還會悟出「地心引力」的作用，以及重力對於不同重量的物體所產生不同的作用。

　　您現在願意相信寶寶丟東西是學習、成長的一部分了嗎？那麼您應該如何鼓勵與輔助寶寶的學習，而不必一天到

晚神經緊張地盯著寶寶的一舉一動，只是為了不使您的家成為一片「殺戮戰場」？

您不妨試試將一些東西用繩子（或是橡皮圈串成的繩子）綁在寶寶的高椅子或是小床上。因為這麼一來，一方面您可以不用擔心寶寶丟壞了家中的傢具、器皿，另一方面，您其實又為寶寶提供了一種嶄新的學習經驗。

怎麼說呢？寶寶會發現有一些東西，是他可以一丟就丟得很遠的；但是有些東西卻是不論他再怎麼丟，也掉不到地上去的。寶寶還會慢慢地學會，他可以用繩子拉回那些被繩子綁住的玩具，而漸漸地學會自動把玩具丟出去、收回來、再丟出去……。

眼明手快

對於一個七個月大的嬰孩而言，他心中始終有一股無法控制的衝動和慾望，那就是想要「手眼並用」地來探索周遭的事物。您的寶寶會用小手撿起一塊積木或是一個小杯子，然後雙眼專注地看著自己的手去撫摸、揉捏以及摩擦著拾來的小東西。

寶寶渴望知道不同物體的各種感覺，而他的雙眼也會追隨著雙手的活動，利用視覺與觸覺的共同運作，建立一個時時有新發現的美妙境界。正因為寶寶心中驅使他的原始動力（好奇心、求知慾），往往會強烈到連他自己都無法抵擋的地步，所以寶寶經常會不知不覺地沉浸在自己的「手眼世界」之中，享受著吸收知識的樂趣而久久無法自拔。

當您的寶寶正在自得其樂的時候，您最好不要「好心」

（多事）地去加入他，因為寶寶的思路，很可能會因此而被您攪亂了。您應該盡可能地讓寶寶一個人多玩一陣子，讓他好好地體驗與學習手眼並用的巧妙與功用。

對於寶寶而言，這是一種非常重要的學習方式。因為，在一個由寶寶雙手與雙眼交織而成的學習天地之中，他可以很快地利用兩種不同的訊息，同時整理與歸納出對於一件物體的「心得」與「體會」。說得明白一點，寶寶的雙手告訴他的大腦：「絨毛小熊摸起來軟綿綿、毛扎扎的」；而他的雙眼所看到的是：「小熊是咖啡色的」，那麼在寶寶幼小的腦海中，就會留下一個「咖啡色的絨毛小熊是軟綿綿、毛扎扎的」深刻印象。

寶寶每一次手眼並用「感覺」與「觀察」一件物體的時候，他會對這一件物體產生一些基本的認知與瞭解！

從另外一個立場來想，寶寶的摸索與觀察，正是一種極為原始、但也極為標準的科學實驗。您七個月大的小小科學家這種好學不倦的精神，正一步一步地引導著他，看清楚這個世界中的基本現象。

不僅如此，寶寶還可以更進一步地瞭解他自己。怎麼說呢？寶寶會發現他的兩隻眼睛和一雙手，除了可以讓他「看」到、「摸」到這個世界之外，還可以為他「蒐集知識」，幫助他更深刻瞭解這個世界。

不時地，寶寶的視線會和由他手中所感應到的觸覺產生「交集」。寶寶經由這些反覆發生的手眼「交集」，將漸漸地學會如何只憑著雙眼的綜合與組織，就能有系統地吸收到外界的知識。也正是這種手眼並用的學習過程，能延展出寶寶在日後光靠視力就能觀察入微的能力。我們因此一再為您

強調寶寶此時「眼明手快」的重要性。

我們可以用一個臨床上很有名的例子，來看一看這些發生在人生早期、由觸覺與視覺共同組成的「手眼並用」學習經驗，對於日後視覺的獨立認知能力，到底有些什麼影響。

在眼科醫學的歷史上，曾經有一些因先天性白內障而失明的人，他們直到成人之後才有機會接受手術的治療，獲得視力，真正地「看」到了這個世界。

在這些眼盲的人擁有正常視力之前的生命之中，他們是依靠不同的「觸覺」來組成他們的世界。也正是因為如此，當這些個案們首次睜開眼睛面對這個世界的時候，他們所看到的景象竟然不能代表任何的意義。

舉個例子來說，他們沒有辦法像正常人一般，能夠僅僅憑著視力，就能分辨出一件物體的基本形狀（圓形、方形、三角形）。往往他們還是要靠著雙手的觸摸，才能真正地「看出」物體的外形。

即使是在這些視覺上的新生兒們，強迫自己硬記下所看見的東西是什麼之後，他們還是很容易搞不清楚。也就是說，往往當他們硬記下一個白色的三角形物體之後，他們還是無法一眼就看出另外一個黃色的物體也是三角形。他們還是需要重新用雙手去觸摸一番，才能確定出黃色的物體也是三角形。

獨立的視覺認知，是寶寶在日後的學習過重程之中，一項重要的「利器」。

您的寶寶現在仍然在努力地「訓練」他的雙眼。寶寶當然也希望，他的雙眼能夠明明白白地，讓他知道各種不同物體的形狀。然而，您七個月大的寶寶仍然要依賴雙手的觸

覺，來教導他的大腦，如何才能「有看就有到」、「有看就有懂」。

等再過幾年，這種單獨的視覺認知能力，將會在寶寶開始上學、認字、讀書和寫字的時候，發揮出最大的功能。中文中的每一個「字」、三十七個注音符號、英文中的二十六個字母、阿拉伯數字中的十個數字……，在在都是對寶寶敏銳的視力與視覺意識能力的重要挑戰。

在本書作者們多年來輔導學齡兒童的經驗中，我們經常會接觸到一些無法運用視覺來組織知識的小學生。表面上看起來，這些小朋友似乎很「笨」、記性很差、總是認不清楚一些相似的字（例如6和9、人和入、土和士……）。但是這些孩子們真正的問題，只在於他們的視覺獨立認知能力，無法成功地為他們分辨出字形的異同。

對於這些不幸被師長們認為是「智障」，但事實上是「學習障礙」的兒童們，我們通常都會試著將他們的學習進度，轉回到他們只有七個月大的時候。也就是說，我們會鼓勵這些孩子們利用「手眼並用」的方法，來教導、幫助他們成功地自我學會，如何能單獨地運用視力，分辨出物體的形狀，成功地達到學習的目標。

您可以幫助您的孩子避免日後的學習障礙，並能早日達到視覺認知的程度！

鼓勵寶寶手眼並用地去摸索、觀察不同的物體。為他準備一些「教材」，讓寶寶「心領神會」出物體的異同、彎的或是直的、粗糙或是光滑、重的或輕的、大的或小的、不同的顏色，以及開口（例如茶杯）或是封死的（例如積木）……。

　　記得，每一次只讓寶寶「玩」一、二樣東西就夠了。等到寶寶對於面前的東西不再有興趣的時候，再為他換幾樣新鮮的玩意兒。您也不需要去購買一些非常昂貴的玩具。只要是家裡面洗乾淨的日常用品（注意不要太小，以免寶寶一不小心吞下肚子去了），都可以當作是寶寶學習的好對象。

　　舉凡您家中的鍋、碗、瓢、盆、塑膠製品、小皮球等等，都會讓成長中的寶寶興奮不已地玩上個老半天哪！

　　身為寶寶啟蒙師的您可以確信與自豪的一點就是，每一次當您的寶寶「眼明手快」地專心研究一樣物體的時候，他也正是往雙眼獨立認知的目標，向前邁進了一大步。換句話說，您的寶寶和他開始讀書、認字的那一天的距離，又縮短了許多了！

──────────── 提醒您 ✎ ────────────

❖多多和寶寶玩「躲貓貓」、「猜猜我是誰」！

❖準備一些大自然中的物體，以供寶寶探索學習！

❖用繩子在寶寶的高椅子上拴一些玩具！

❖不要去驚擾寶寶獨處的時刻！

迴　響

　　簡短地寫幾個字，只是想讓您們知道我認為《教子有方》實在太棒了！

　　在過去的兩年多以來，我一直是擔任嬰兒啟發課程的老師。相信我，我所接觸過的父母們，尤其是第一次做父母的家長們，都深深的覺得《教子有方》是他們育兒過程中的無價之寶。

　　我認為家長需要新的知識、鼓勵和肯定。

　　《教子有方》百分之一百地滿足了這些需要。

孫美媛（美國阿肯塞司州）

第八個月

天眞浪漫的八個月大寶寶

八個月大的寶寶是使人著迷的！從許多方面來說，寶寶生命中的第八個月，是一段精彩、有趣而又多采多姿、令人不願意輕易錯過的寶貴時光！

寶寶在經過七個月的成長與發展之後，不僅已經鍛鍊出十分強壯的四肢與體魄，同時還成功地孕育出許多錯綜複雜的協調機制（例如手與眼、口與耳、四肢與心智等等）。

正是因爲如此，八個月大的寶寶就好像一位整裝待發的戰士一般，無時無刻不在想著如何才能將他的十八般武藝完全派上用場；隨時都準備著要邁開大步，勇往直前地朝著人生中更新的領域、更高深的境界，不斷地「成長再成長」。

八個月大的寶寶最值得您注意的一點，是他的髖（臀）部終於生長得平直且端正了。

此外，寶寶支持軀幹所需要的肌肉——頸肌、背肌、以及腰臀的肌肉，也比以前要來得更加強健有力了。

趴著的時候，寶寶會撐直他的雙手、儘量把上半身抬得高

八個月的小寶寶喜歡做的事：
· 以肚臍眼爲軸心，在原地打轉。
· 四處尋找寶寶自己丟在地上的玩具。
· 將玩具在雙手之間來回地傳遞。
· 在地板上匍匐蠕動、挪動自己的身體。

爲寶寶提供以下的項目：
· 幾樣可以摔、可以撞的玩具。
· 套套杯或是套套碗。
· 一面寶寶可以看得見自己的小鏡子（如果是摔得碎的玻璃鏡子，就一定要由大人拿著才能讓寶寶使用）。

高的（往往他的背部會因此而凹成一個平滑的弓形曲線）；寶寶的下半身（下腹部、臀部和兩條腿）則會平穩地靠在床上或是地上。

顯而易見的，八個月大的寶寶在許多方面已發展得比過去更加的強壯；寶寶在肢體的彈性與柔軟度方面，也要比以往卓越許多。

就拿寶寶趴著的時候來說吧，他不但可以把全身的重量都放在肚子上（好像做蛙人操似的）反弓起他的背部，並在原地不住地前後推動自己的軀體，寶寶同時還會像是游泳似的，不停地揮動四肢。

再看看寶寶平躺著的時候，他會將兩隻小腿抬得高高的、兩個膝蓋也撐得直直的。同時，寶寶還會往前伸出他的一雙小手，抓住自己的小腳，玩自己的腳趾頭。

許多細心的家長們，經常在觀察寶寶的舉動之後，詫異得自歎不如：「我絕對沒有辦法像寶寶一樣，把身體弄成這個樣子！」

事實上，寶寶這種超乎尋常的體力與柔軟度，正是他一步一步朝向坐起來、站起來、走路，甚至於跑步的目標發展時，所不可或缺的先決要件。

翻身對於寶寶來說已經不是難事了。當您將寶寶平躺著放在床上或是地板上的時候，他會馬上翻身趴起來，同時還用手臂撐起上半身（好讓自己能看得更高、更遠）。「厲害」一點的寶寶，甚至會只靠著一隻手臂撐住自己，而騰出另外一隻手去拿他的玩具或是做一些其他的事情。

雖然寶寶現在還不能坐得很穩，但是他正努力學習如何

在失去平衡的時候，能夠馬上運用雙臂支持住快要傾倒的上半身。

　　大多數八個月大的寶寶，已經可以不靠任何外力的支持和幫助，讓自己在地板上坐上大約一分鐘的時間了。儘管寶寶自己也非常渴望能夠坐直上半身，但是他現在還是不會從趴著的姿勢自己坐起來。因此，您還是應該不時地幫一幫寶寶的忙！

　　除此而外，您的寶寶現在坐在地板或是床上的時候，也會比坐在桌子或是沙發椅邊緣的時候，要平穩得許多。也就是說，當您讓寶寶的雙腿（從膝蓋以下的部分）懸空坐著的時候，他不但沒有辦法坐得很穩，可能還需要您牢牢地扶住他的上半身，才不至於摔倒哪！

　　現在，再讓我們一起來看一看寶寶一雙萬能的小手，已經發展到了怎樣靈活的程度了呢？

　　大多數的寶寶在八個月大的時候，已經能夠十分有效率地用他的小手去「抓」住或是「握」住一樣東西。

　　有意思的是，寶寶現在會伸出一隻小手，好像是在使用（類似豬八戒耙一樣）耙子一般似的，把東西「耙」向他自己。

　　如果您再仔細一點地觀察，您將會看到當寶寶在伸手「耙」東西的同時，他的食指、中指、無名指以及小指這四隻手指頭，會不約而同地朝著手心的方向彎曲，然後靠著手臂前後移動的動作，從物體的一側把它「耙」回自己的身旁。同時，寶寶的大拇指頭會伸得直直的，靠在捲曲的食指一旁，共同將手中的物體「夾」住。

　　八個月大的寶寶用手去「握」住東西的時候，其實和猴

子用手去拿東西的舉動是十分類似的。

如果您曾經在動物園觀察過猴子吃花生米時雙手的樣子，再比較一下您的寶寶伸手搆東西時的姿勢，您將會不難發現到，寶寶和猴子之間有一個共同的特色，那就是他（牠）們都不知道如何使用「大拇指」。

人類之所以成為萬物之靈的原因，就是因為我們的嬰兒在成長的過程之中，很快地會發現到大拇指的運作可以巧妙萬千、變化無窮，而人類也就憑著一雙靈活的雙手，不斷地成長、發展。

當您的寶寶拿到一樣東西之後，除了會把東西往小嘴巴裡面送之外，寶寶還會在左、右手之間傳遞這件物體，不斷地啃它、咬它、舔它、摔它、扭它、搖晃它……。而如果寶寶不小心掉了這件物體，他會毫不遲疑地重新撿起來繼續他的活動。

這一切的一切都清楚地說明了一件事：「您的寶寶正在學習」！寶寶全心全意地想要弄清楚，一件物體的各種特性（形狀、大小、質料、軟硬、味道、氣味、聲音等等）。

您的寶寶會以一種無比堅毅的決心，不斷地重複他的「實驗」，直到這些物體的特性深刻地銘記在他的腦海中，並在下一次他再接觸到相同的物體時，能夠不假思索地「認出」這件物體。

左撇子、還是右撇子？您的寶寶還需要很長的一段左、右手並用的時間，去嘗試左撇子的滋味，或換成右撇子試試看，然後才能決定他的「手順」。別急，還早！

驛馬星動

　　經過了八個多月以來的成長、發育以及鍛鍊，大多數的寶寶都會發現到一件足以令他雀躍不已的事實，那就是：「我可以自己去一些地方，拿一些我想要的東西！」

　　這是寶寶生命中一個十分重要的成長里程碑，因為寶寶已經朝著控制與掌握這個世界的方向，邁出了第一步。

　　雖然仔細檢討起來，寶寶這一項重大的新發現，多半是由他「誤打誤撞」而想通的，但是追根究底，寶寶的肢體也必須要完全地準備好了，才能夠領會得出其中的美妙滋味。

　　一般的情形是這樣的：當寶寶看到一樣有趣但卻碰不到的東西時，他會試著像水桶般滾動自己的身體，或是儘量拉長他的四肢，想辦法去靠近他的目標。

　　有的時候，即使是在寶寶盡了最大的努力之後，他還是抓不到想要的東西。情急之下，寶寶會開始在地板上揮舞他的兩隻手，不停地踢著他的兩條腿，整個的身體（只有肚皮的地方與地面接觸）也會在激動之中，或前或後不停地推進、扭動。

　　漸漸的，寶寶的身體在他猛力地拖與拉之間，開始在地面上移動了一些距離。然後，奇蹟似乎就在突然之間發生了──寶寶發現他所想要的東西，已經握在他的手掌心了！

　　對於寶寶而言，這是一件多麼美妙的事啊！寶寶現在知道了：「只要移動自己的身體，就可以拿到想要的東西，去心裡面想去的地方！」

　　對於您八個月大的寶寶來說，這一項新發現簡直是太棒

了！

　　您的寶寶會開始為了要多多體會一下，當他從一個地方「移動」到另外一個地方的時候，所感受到的絕妙經驗，而故意地、努力地來拖動自己的四肢和身體。

　　聰明的寶寶也將很快地發現到，當他用兩隻手拖、以及用兩條腿踢的時候，他可以比較成功而且迅速地挪動自己。此外，寶寶還會像一個小陀螺似的，以肚臍眼為軸心，在地面上不停地打轉。他會向前扭動，還會往後倒退哪！

　　對於寶寶而言，他「可觸及的世界」已在突然之間膨脹了許多倍，更重要的是，寶寶現在已可以去探索許多過去所無法碰觸的事與物。

　　親愛的家長們，千萬別以為寶寶會就此滿足。用不了多久，雄心勃勃的寶寶就會察覺出，他那沉重而且總是貼在地面上的肚子，不但會妨礙他行進時的速度，同時還會使他的「移動」變得十分的笨拙、不靈巧。

　　寶寶會不斷努力去尋求更好的「移動」方式，而在努力不懈的摸索之中，發現他可以光憑四肢同時著地，就能迅捷地移動自己的身體——沒錯，寶寶會爬了！

　　在這裡我們想為您解說一下，一項「阻礙」寶寶學習爬行的重要反射動作。這是一項在過去幾個月之中逐漸明顯的「不自主反射機制」。

　　在寶寶還沒有開始爬以前，每當他趴著的時候，他的小腦袋就會不由自主地微微向上、向後傾斜。而這個舉動會立即啟動他的反射機制，使得掌管手肘關節、髖部以及膝蓋的肌肉，都在同時不由自主地以一種強而有力的張力繃得緊緊的。

這麼一來，寶寶就可以用手撐起上半身。而他的臀部和膝蓋，也會穩穩地將他的兩條腿，彎成兩個牢固的支點，使得寶寶可以像個小機器人似的穩當地趴著。

但是當寶寶試著想移動四肢、開始爬的時候，他就碰到大難題了。仔細瞧一瞧您的寶寶，他是不是在每一次伸出手想往前爬的時候，就會因為破壞了反射機制為他「架設」好的平衡系統，而整個人都「崩塌」在地板上呢？

聰明的寶寶是不會因此而死心的。他會先想辦法「破解」這個反射機制。於是，當寶寶趴著的時候，雖然他還是會保持小機器人的姿勢，但是他會開始在原地不斷地前後搖晃自己的身體（這是一個經常令父母們忍不住在一旁偷笑的舉動），直到寶寶「甩開」、「掙脫」了他的「緊身咒」為止。

差不多有三分之一、到一半以上的嬰孩，在他們滿九個月以前都能成功地「爬」出他們的第一步。

而其餘的寶寶們也會努力不懈、繼續他們在原地搖晃的動作，並相繼的在一、兩個月之內成功地「向前行」。

您的寶寶著實不簡單吧！雖然說寶寶還必須經過一大段的學習與鍛鍊，才可以達到自己會走路的階段，但是他既然已經嚐到了「單獨行動的甜頭」，寶寶就會義無反顧地朝著他多采多姿的人生旅途，勇往直前。

如何激發寶寶的求知慾？

在人類（也包括了小嬰兒在內）的血液之中，似乎流著一個共同的因子，那就是一股強烈、無法抗拒、想要控制周

遭環境的慾望。

　　您的寶寶正是憑藉著這份原始的衝勁，而迫切不斷地去學習與探索周遭的事與物，以早日滿足他主宰宇宙萬物的使命感！

　　但是您也許會問，為什麼有些嬰孩看起來彷彿一直都是孜孜不息、好學不倦的樣子，而有一些嬰孩看起來卻是一副被動、遲頓、提不起興趣、懶洋洋的模樣呢？

　　雖然說八個月大的小寶寶們，還不會告訴我們心裡面所想的事，但是我們也多少可以經由他們的行為和舉止，而推想出到底有什麼事情可以讓寶寶奮起力學，而寶寶的意志消沉又是因何而起？

　　就我們目前所知，激發寶寶求知慾最好的方法有三種：

　　第一，寶寶與父母之間無懈可擊的愛；第二，適時且恰當的學習經驗；第三，逐漸發展出一種自我控制生命的意識。以下我們就逐一為您說明這三個重點。

　　首先，父母給予寶寶的溫暖與關愛，會每一時、每一刻在寶寶的四周，交織成一片充滿信任與安全感的氣氛。寶寶也因而得以在這一張愛的搖籃之中，發展出對於他自己的信心以及自我信賴的勇氣。

　　一般說來，那些與父母之間維繫著強而有力、愛的鼓勵的孩子們，會對於他們所身處的世界，擁有非常強烈的好奇心。他們也會對於探險、嘗新、新發現等事物感到特別有興趣。自然而然的，這些孩子們就會顯得外向、機靈與勇氣十足。

　　其次，我們提到了寶寶需要在成長的過程之中，適時地累積一些恰當而得體的早期學習經驗。

　　您一定早就已經注意到了，我們每個月都會爲您提供一些不同的活動，幫助寶寶能夠經由不同的玩耍方式，領會到多元化、多層次的早期學習經驗。

　　當然囉，您也可以運用自己的慧心，爲心愛的寶寶設計一些有趣又好玩的遊戲。同時也請您別忘了，最好在您爲寶寶所選擇的活動之中，適當地融入一些挑戰性。

　　我們發現大多數的寶寶都會比較著迷於一些新的「挑戰」之中，對於一些過於簡單與單調的事物，容易喪失了好奇心而變得意興闌珊。

　　但是也請您千萬不要矯枉過正，因爲寶寶同樣也會對於超出他能力範圍太多、過於困難的挑戰，採取一種敬而遠之的態度。

　　訣竅在於您所選擇的活動，一定是要寶寶能力可及的，同時還要能讓寶寶的學習觸角擁有自由發揮與伸展的空間。

　　第三點，也是最重要、最複雜、最抽象的一點，就是如何幫助寶寶發展出一份自我控制（對於他生命之中一切事物）的意識與信心。

　　曾經有一群專門研究兒童心理發展的科學家們，特別針對於八個月大的嬰孩，設計了一個十分有趣且耐人尋味的學術實驗。從這項實驗之中，我們多少可以看出來，當一個嬰孩發現到他的行爲可以左右周圍事物的時候，對於他學習的動機所產生的影響。

　　這個實驗很簡單，接受測驗的八個月大寶寶們，全部都被安置在一個螢幕之前，而螢幕上會有隨著音樂伴奏而出現的許多圖片。

　　一開始，**寶寶們**被分配成爲兩組：其中一組需要去拉動繫在他們手腕之上的一條細繩子，才能欣賞到螢幕上的音樂和畫面；另外一組則什麼也不用做，只需要坐在螢幕之前，即可觀賞不同的圖片和音樂。

　　接下來，所有的**寶寶們**都會面對著一個空白的螢幕，但是只要他們主動地去做一個非常簡單的小動作（例如推倒一塊積木、拍打一個小氣球、或是拔起一支小旗子），就立刻可以欣賞到螢幕上美妙的畫面、聽到好聽的音樂。

　　結果是，那些之前曾經需要拉動手腕上繩子的嬰孩們，大多數都能在他們想要的時候，主動地「製造」出螢幕上的圖片與音響效果。反觀那些過去什麼也不用做就可以欣賞到圖片與音樂的**寶寶們**，大部分只會「守株待兔」，消極地等待著畫面的出現。

　　在實驗的最後一個部分，這些**寶寶們**只需要能夠從口中發出任何一種聲音，螢幕上伴隨著樂聲的畫面就會立即地出現。

　　猜猜看實驗的結果是什麼？沒錯，那些（一開始需要拉繩子才能看到圖片）主動、積極的**寶寶們**，很快地都能夠學會只要口中發出一些聲音，就能夠享受到視覺與聽覺上的雙重效果。

　　而那些一開始什麼也不用做的嬰孩們，則是怎麼樣也不明白（學不會），爲什麼他們要發出一些聲音，螢幕上的畫面才會出現？

　　從這一項研究的結果中，我們得到最重要的啓示是，當一個八個月大的**寶寶**領悟到他所身處的世界中，有許多事與物是可以由他的行爲所操縱、支配、掌握與影響的時候，

他對於環境的好奇心，就會被激發到最高點，而他想要去瞭解、學習的動機，也同時被大大的提升了。

除此而外，寶寶這一份能夠影響環境的自信心，還會不斷地促使他更加積極地去學習更多掌握周遭事物的新方法。

現在，再讓我們一起從另外一個角度來探討這個實驗的結果。

您是否也同意，當一個成長中的小嬰兒，一旦認定他自己對於周圍的環境無法產生任何的作用與影響時，那麼他在學習方面的鬥志，就會被嚴重地挫傷了呢？

也許您十分有信心，您的寶寶絕對不會自認為是毫無影響力的，但是請您也反省一下，您是否也是屬於那種認為寶寶如果哭了，不去理他，他自己就會停止的父母呢？

當嬰孩們反覆地發現到，他們對於自己生命中所發生的許多事件，都產生不了太大的作用（例如當他們以哭聲來抗議，但是得不到任何的反應）時，他們會自動地放棄上天賦予他們「主動參與生命」的機會，而消極地採取一種「被動的觀察者」的人生觀。

說到這裡，相信我們已經能讓您清楚地明白到，您必須要讓八個月大的寶寶知道，他能夠對於所身處的世界，有某種程度的控制與掌握的能力。因為，這一丁點兒的「自知之明」，將會有效地激發他學習與求知的原動力。

最後再給您一個忠告，那就是您的寶寶同樣的也應該要能明瞭到，他所身處的環境，對於他的生命也相對的存在著某種程度的影響力。要不然的話，您的家中將很快的會出現一位想要統馭一切的「小暴君」喔！

至於要如何才能巧妙地取得其間的平衡，那就要看父

母們願意花在寶寶身上的心思有多少，才能夠找到真正的答案！

家有夜哭兒

凡是養兒育女的人，都免不了要面對一個幾千年以來不曾改變的難題，就是寶寶在三更半夜不睡覺、不停啼哭的問題！

如果您曾經身歷其境，相信您一定還清楚地記得箇中滋味。如果您從來沒有過這一方面的煩惱，慶幸之餘，是否也應該稍微準備一下，以防不時的萬一？

該怎麼辦才好呢？是否聽信老祖母的忠告，沿街張貼敬請「過往行人唸一遍」的紅紙條？還是採用臨睡前餵寶寶吃一些甜酒釀（把寶寶灌醉）的方法，以換取那寶貴的、一夜無事的平安夜？

似乎每一位家長都各有其巧妙的絕招，來對付家中的小小夜哭兒。即使是兒童心理發展學的專家們，對於這一個棘手的難題，也還是抱持著許多不同的看法，而沒有辦法找出一個大家都同意的解決之道。

我們相信當父母們在濃濃睡意與寶寶尖聲哭鬧的夾攻之下，通常都會在最最受不了的那一剎那，使出他們各自的「殺手鐧」來擺平這個事件。但是我們也由衷地希望，藉著我們的分析與說明，家長們能夠在下決定的時候，多一些考慮與選擇的機會。

我們將為您介紹三種不同類型的父母。

相應不理型的父母，會在耳朵中塞滿綿花任由寶寶哭到

天亮。結果是家長們得到了充分的休息，但是寶寶的心靈與
人格卻受到了嚴重的創傷。

　　保護過度型的家長們則認為，寶寶半夜裡起來哭是父母
的過錯。因此他們會在寶寶一開始哭的時候，就立刻抱起他
們的小心肝來，拍拍、哄哄、搖一搖、哼一哼，想盡一切辦
法讓寶寶再度回到睡夢之中。

　　結果是，寶寶也許會「短暫」地恢復了安靜，但是往
往當大人一將他放回小床之中，或是一離開他的身旁，他就
立刻又開始放聲大哭起來。愛子心切的家長們，往往被困在
寶寶的「咒語」之下，疲累得一整夜都「翻不出他的手掌
心」！

　　當然囉，也有許多介於以上兩型之間的「聰明」家長
們，會使出一些更高明的方法，來對付他們的夜哭兒。

　　因為篇幅有限，我們只能舉幾個例子來供您參考。有
人會在半夜三更寶寶哭鬧不休的時候，打開吸塵器或是洗衣
機，藉著單調而大聲的機器聲，把寶寶震得頭昏腦脹而重
新昏睡過去。也有些人會抱著寶寶一起躲在沒有開燈的浴
室裡，打開水龍頭讓寶寶在黑暗之中聽一聽潺潺流水聲，使
他誤以為又再度回到母胎溫暖、安全的環境之中，而放心地
進入夢鄉。有些人會開始對著寶寶唸英文或是彈鋼琴，讓寶
寶在無聊到沒有選擇的情況之下，只好放棄哭鬧，而選擇夢
鄉。更有些父母們會在寶寶夜哭苦無對策的時候，帶著寶寶
坐上汽車沿街兜風去了，這麼一來，寶寶就在速度與搖晃的
雙重作用之下，被催眠了！

　　很精彩吧！現在讓我們來想一想，如果您是屬於情到深
處、就事論事型的家長，您會怎麼辦呢？以下就是我們所為

您列出的幾項大原則：

　　首先，您必須要記得，寶寶也是人，他也需要休息與睡眠，半夜三更犧牲睡眠而哭泣，一定是有他的理由。因此，您應該要想辦法先找出寶寶夜哭的原因。

　　建議您先從生理上的原因開始想起，脹氣、長牙、便秘、肚子痛、饑餓、口渴、寒冷、流汗、尿濕，甚至於被褥不舒服、蟲咬了……在在都是您不可忽視的原因。往往只要您找到了原因的所在，然後對症下藥，那麼您全家人都將能夠立即享受到清靜的夜晚了。

　　如果在您確認寶寶的生理上應該沒有什麼大問題之後，而他還是啼哭不已，那麼您就要試著站在寶寶的立場，設身處地體會一下寶寶的心情了。

　　許多利用晚上的時間，想辦法（例如夜哭）引起父母對他的注意力、或是爭取和父母（清醒地）相處時間的寶寶，都是在白天無法多與父母親近的孩子。聰明的寶寶知道，唯有夜晚的時間才是可以完全占有父母的時間。赤子之心、孺慕之情，相信您必然是能諒解的。

　　還有一種常見的情形，就是寶寶真正的失眠了！白天睡太多或是白天太無聊、缺乏身心各方面的活動，因此到了晚上還不想睡，以哭聲來抗議冗長的安靜與黑夜。

　　想想看，您的寶寶是屬於前者、後者，還是兩者兼併？

　　接著下來，您必須要頭腦冷靜地告訴自己，如果您的寶寶只是偶爾會在晚上哭一哭，那麼您大可不必大驚小怪地想盡辦法要來對付寶寶。因為問題不嚴重，通常會隨著時間而自動消失。但是如果很明顯的，寶寶的夜哭已經成為一種習慣，那麼這就是您可以開始動動腦的時機了。

　　第三，提醒您，不論您打算運用哪一種高招來對付您的寶寶，別忘了他是您的寶貝而不是仇人，更別忘了什麼是使寶寶哭鬧的真正原因。

　　當然囉，您也要有心理準備，一旦您的絕招生了效，不論是痛揍寶寶一頓也好、或是半夜帶寶寶搭計程車去遊街也好，您都可能會要在未來許許多多無眠的夜裡，不斷地與寶寶過這一百零一招。

　　最後請您也別忘了，雖然孩子們需要愛、需要關懷，但是他們或早或晚，也應該要懂得「極限」的意義。

　　一個在愛與限度的天平中長大的孩子，能夠領略到人生中一項無價的寶物，那就是快樂與滿足。而身為父母的您，

也能夠相對地體會到養兒育女的喜悅與成就感。

　　讀到此，您想到了對付夜哭兒的方法了嗎？

還在牙牙學語

　　也許您早就已經迫不急待地想要聽一聽寶寶開口所說的第一句話，別急，那一天就快要到來了！

　　雖然說沒有人能夠真正地知道寶寶說的第一個「字」，是什麼時候從他的小嘴中冒出來的，但是一般說來，大多數的寶寶是在八到十五個月大之間正式開始說話。

　　因此，您目前八個月大的寶寶，應該也還是在牙牙學語的階段！

　　在過去的幾個月之中，我們曾經不斷地提醒您，要經常

激發寶寶發聲練習的次數，並且盡可能地豐盈他發聲的種類與內容。

學術研究的結果也發現到，九到十二個月大的嬰兒，會在大人們給予他們語音刺激一段時日之後，顯著地增加發聲練習的頻率與種類。

從另一方面來想，天生耳聾的小嬰兒們雖然聽不見，但是仍然會在一定的時候自言自語地做著發聲練習。

因此我們的結論是，生命早期的牙牙學語是由上天所賜予的秉賦和外在環境的激發，所共同造就出來的。

過去我們曾經建議您要「覆誦」寶寶發出來的語音。您現在還是可以和寶寶繼續這種摹仿式的對談。剛開始的時

認生

或早或晚，您的寶寶差不多在八個月大左右的時候，就會開始認生。身為父母的您，應該要為寶寶的這種轉變感到高興才對，因為這意味著寶寶與父母之間的關係，又更進了一步了！

幾個月之前，您的寶寶也許是一位一見人就笑的小天使，但現在的寶寶，卻是說什麼也不肯讓陌生人靠近他。

說得抽象一點，寶寶現在看重他自己內心深處的感受，更甚於外人對他的好與壞。說得露骨、明白一點，就是寶寶開始「戀愛」了——他深深地愛上了他的父母。

您熱戀中的寶寶需要的是他意中人（父母，尤其是媽媽）全部的注意力。寶寶現在除了會認生之外，還會在父母親離開身旁（或是有人試著要把他從父母身邊抱走）的時候，生氣、憤怒、傷心，而以大哭大鬧來表示他的抗議。

不論寶寶的反應是強烈還是溫和，認生的舉動很快就會過去的。但是在寶寶不再認生之前，這正是您與寶寶為了這一生一世永遠無怨無悔的愛，所必須要經過的歷程！

候，可能只是您在「覆誦」寶寶，但是久而久之寶寶也會漸漸地「覆誦」您。寶寶的第一個「字」、第一句話也會因此而慢慢地被烘托出來。

寶寶通常都是先懂得了一個字或句子的意思，然後才會漸漸開始使用這些話語。

至於寶寶開始說話的早與晚，似乎與他的智慧並沒有什麼太大的關係，反而是隨著父母所花在寶寶身上的時間與心思成正比例發展。

最常見的情況就是，一個家庭之中的幾個兄弟姊妹，老大說話說得最早，而其餘的孩子則按著排行，一個比前一個會說話說得晚。同樣的，雙胞胎總是比家中的獨子說話說得慢；三胞胎則說得更慢了。

原因很簡單，父母們愈有時間和寶寶對談，寶寶學說話就學得愈快。

因此，如果您的寶寶在說話方面比較緩慢的話，那麼您似乎應該自動負起大部分的責任，從現在開始急起直追（還不算太晚），多費一些唇舌、多花一些時間，多和您的寶寶說說話吧！

有愛的孩子寵不壞

是否曾經有人暗示過您，您把寶寶寵壞了？又是否曾經在夜深人靜的時候捫心自問：「我是不是寵壞了我的孩子？」

有許多的因素，讓這個問題變得十分難以回答。

第一，一般說來那些真正寵「壞」了孩子的父母們，

通常是毫不自覺的。換句話說，他們根本就不會關心這個問題，也不會像您一樣想探討這個問題的答案！

其次，雖然說是眾說紛云，但我們實在很難爲「寵壞」這兩個字，下一個客觀而且公正的註腳。也就是說，沒有人可以爲寶寶被寵壞的舉止與沒有被寵壞的行爲之間，非常清楚地畫分出一道界線來。

最後，即使您可以理直氣壯地說出某一種行爲是一種寵壞了的表現，也許這種行爲對於一個二歲大的幼童來說，的確是父母溺愛之下的產物，但是您又怎麼能夠百分之一百地說，對於一個八個月大的寶寶而言，這也算是寵「壞」了呢？

在這裡我們想要爲您探討的是，雖然說沒有人能夠確認一個八個月大的寶寶是否被父母寵壞了，但是我們相信在寶寶八個月大的時候，有一些生活之中的蛛絲馬跡，可以用來預測寶寶在日後（數週、數個月，甚至於數年之間）會面臨到的「問題」。

現在，讓我們一同來想一想，爲什麼您對於寶寶的疼愛、關心和寶貝，會突然之間在寶寶八個月大的時候，引發出寵「壞」了孩子的問題呢？

答案很簡單，因爲八個月大的寶寶雖然已經開始喜歡人際關係與心智交流的樂趣，但是他卻還無法自主地移動身體來追尋這些樂趣！

舉一個最簡單的例子來說，當寶寶的心裡想要某一個人跟他有所「交往」（也就是玩）的時候，想一想看，他應該怎麼辦才好呢？

也許您已經有了答案！沒錯，寶寶先想到一個辦法，讓

這個人靠近他的身邊。對於一個八個月大的寶寶而言，要達到這個目的並不是太難，他只要大聲地尖叫幾聲，這個人就一定會來到他的身邊。（想一想看，我們大人不是也經常如此嗎？）

聰明一點（壞一點）的寶寶還知道，他哭喊得愈大聲，這個人就會愈快地趕到他的身邊來！

八個月大的寶寶，也很喜歡大人把他抱在身上、擁在懷中的感覺。您的寶寶也可能已經發現到，只要他哭，就可以召喚他的爸爸或是媽媽很快地將他抱起來。

我們所說關於寶寶的種種行為與反應，其實都是成長過程之中，正常且不可或缺的許多環結之一。寶寶藉著與外界往來的方式，要學習建立一種「凡事操之在我」的自信心。

問題就在當這種信心與決心，使寶寶做出許多不合理的要求、舉止，甚至於大發脾氣的時候，家長們就應該要適時地糾正寶寶的行為，以免日後真正地寵壞了您心愛的孩子。

無理取鬧（也就是毫無商量餘地的大哭大鬧），是我們一般人的觀點之中，最具代表性、寵壞了的孩子的表現。因此，何不讓我們就從您自身對於哭鬧中寶寶的反應，而來進一步地談一談寵孩子的問題吧！

寶寶的哭鬧是他給父母們一個十分模糊的訊息，有很多種可能的原因，舉凡肚子餓了，尿片濕了，到單純的只是想要引人注意，都包括在內。

而一個無理取鬧的孩子的哭與鬧，則是在寶寶過度需要家人的注意力，再加上父母親儘量滿足他每一個要求的雙重心態影響下的產物。

讓我們在決定您對於哭鬧之中的寶寶，是否採取了一種

適當的反應之前，先來看一看其他的家長們，都是以什麼方式來處理這種情況。

我們可以大致地將父母們的反應分成三大類。

相應不理型

這一型的父母們非常害怕會寵壞了自己的孩子，因此，他們決定除非寶寶的哭聲是代表著「生命攸關」的需求，否則他們是一概假裝沒有聽到寶寶的哭喊聲。

在這種「待遇」下長大的孩子，剛開始的時候，會經過一段愈哭愈大聲，直到了聲嘶力竭的地步的階段。但是逐漸的，寶寶會放棄他的努力、縮回他的內心世界之中，而不再會有引人注意的意願了！

表面上看起來，這些在「愛之深、責之切」下長大的孩子們，是一點兒也沒有被父母「寵壞」。但是事實上，這些孩子們與一般孩子們比較起來，他們想要與外在世界的人、事、景、物互相來往的意願與動機卻是相當的微弱。

保護過度型

這一型的家長們最常見的通病，就是他們都錯誤地相信以下三點：

1.寶寶哭，代表著父母的過失；
2.哭鬧中的寶寶，應該要被抱起來好好的哄一哄；
3.那些看到寶寶哭鬧、還能夠不理不睬的人，是「不配」為人父母的。

在這種保護過度、小心過度、又愛得太過火的父母呵護下成長的寶寶，是十分容易變成外人眼中，不折不扣、被寵壞了的「小壞蛋」（英語中所謂的「爛蘋果」）。

情到深處——就事論事型

屬於這一型的父母們，盡力不讓自己被愛沖昏了頭，而會努力嘗試著在呵護、心疼、與捨不得寶寶的心理，與理性的堅持、合理的要求的兩極之中，尋找出一個寶寶得以發展合理言行舉止的最佳平衡點。

當寶寶開始放聲哭鬧時，他們通常會採取以下的幾個步驟與措施：

1. 立刻放下手中的一切，盡快地趕到寶寶的身旁（學術研究也發現到，那些哭聲能夠很快得到父母反應的寶寶們，通常會哭得比較少）；

2. 在十萬火急地趕到現場之後，他們會當機立斷，弄清楚寶寶的哭鬧是不是因為一些生理上的不適（例如肚子餓、尿片濕了、蟲咬了）所引起的，如果是的話，他們會二話不說地想辦法來解決寶寶生理上的難題；

3. 如果當他們發現到寶寶的哭聲，其實只是為了想要引起父母注意的時候，他們則會（強迫自己壓制住心中對於寶寶澎湃洶湧的情愛）對寶寶採取一種非常「客氣」的態度。也就是說，他們不會像平時一樣熱情地抱起寶寶恣意地親吻一番；相反的，他們會「禮貌」地站在寶寶的小床旁，陪寶寶說一些無關痛癢的「客套話」。

　　不論您是屬於以上哪一種類型的父母，您現在明白了要如何去愛您的孩子，而又不會寵壞了他嗎？祝您成功！

_____ 提醒您 ！_____

❖別為了寶寶的「認生」而感到心煩！

❖有沒有「覆誦」寶寶的牙牙語音？

❖好好地「寵一寵」您的寶寶！

❖歡迎來信分享您對付夜哭兒的寶貴經驗！

迴　響

　　在這裡，我願意代表全天下所有為了子女教養問題而憂心不已的父母們，向《教子有方》說一聲謝謝！

　　從您們充滿了智慧的字裡行間，我們得到了太多、太寶貴的知識。

　　《教子有方》已經成為我生活之中最大的憑藉與安慰。每當我兒小克把麵包裡面的花生醬抹得一身都是的時候、每當他把牙膏擠在馬桶蓋子上、每當他拿起電話亂撥的時候，我總是能夠即時想起《教子有方》之中的道理，而克制住自己的情緒，冷靜地收拾殘局。

　　《教子有方》讓我變成了一個自己想都沒有想到過的好媽媽。

　　　　　　　　　　　　　　　潘凱西（美國北卡羅萊那州）

第九個月

■ 九個月大的小可愛

還記得嗎？您的寶寶在剛出生頭三個月之內的發展，大多是著重於增進雙眼以及小嘴運作方面的控制。在三到六個月之間的那一段日子中，寶寶漸漸能夠掌握住頭部、頸部以及上半身肩膀部位的各種活動了。而到目前為止，九個月大的寶寶已經發展出對於軀幹、上肢以及雙手等部位較佳的控制與操作的能力。回顧過去這九個月以來寶寶在各方面按部就班的發展，您是否會不禁讚嘆造物主（大自然）的巧妙安排呢？

九個月的寶寶不僅惹人疼愛，同時也值得您細細地觀察。

您的寶寶現在應該已經能夠不必依賴任何外力而自己坐在地板上，並且還有足夠的能力，維持十到十五分鐘左右相當良好與平衡的姿勢。

九個月大的寶寶不但已經能夠在坐著的時候，傾斜上半身

> 九個月的小寶寶喜歡做的事：
> ・向上拉直自己的上半身。
> ・匍匐爬行。
> ・和大人玩一些有來有往、交互進行（例如互拍手掌之類）的遊戲。
> ・注視鏡子中自己的影像。
> ・研究物體不同的形狀、輪廓以及質料。
>
> 為寶寶提供以下的項目：
> ・餵自己吃東西的機會。
> ・安全但可供寶寶自由探索的環境。
> ・對於寶寶發聲以及行動能力方面種種的表現，不斷地給予肯定與鼓勵。
> ・可以啃、可以咬的安全玩具。

去拾取一樣物品，並且不至於失去平衡而摔倒。此外，不論坐在原地的寶寶是伸出手去抓住一件正在搖晃中的玩具、或是撿起一樣掉在地上的東西，他都可以在同時左右扭轉他的上半身，並且還能自如的四處張望。

或許您的寶寶現在已經能從平躺的姿勢自己坐直起來了。然而寶寶如果還不能的話，也請您別心急！何不睜大眼睛拭目以待，因為這將會是您的寶寶在最近的一段日子當中，即將完成的一個重要里程碑！

九個月大的寶寶最可愛的一點，就是他似乎總是精力旺盛、分秒不得閒地「忙」個不停！要說您的寶寶是一臺上足了發條的「扭曲轉動機」，那可是絲毫都沒有誇大其辭哪！不信的話您可以自行觀察一番，瞧瞧心愛的寶寶是否不論在任何時間（喝奶、洗澡、換尿片……）、任何地點（高椅子、推車、小床、甚至於抱在您懷裡的時候……），他的身體、雙手、雙腿，都是忙碌得一秒鐘都停止不下來呢？

此外，您的寶寶現在已經是一位小小的「主動出擊者」，而不再是過去的「被動要求者」了。

怎麼說呢？當您讓寶寶趴在地板上的時候，您將不難發現到寶寶會十分堅決、十分篤定地運用他所能掌握住的各種方式，很快的將自己移動到心目中的目的地去。

有些寶寶會靠著在地上不停的扭動而匍匐前行；有些寶寶會像小皮球似的，側向不斷地翻滾自己的身體；或許您的寶寶已經能夠撐起他的四肢，運用膝蓋與雙手的力量，在地板上緩慢地爬行了；而有些寶寶甚至於還會一面保持著下半

身的坐姿，一面利用他強壯的雙手，在地板上拖著自己的身
體，不放棄地朝著目標前進。

　　不論您的寶寶採取的是以上哪一種形式，都透露出一道
強烈的訊息，那就是：寶寶現在已經是一個具有獨力思考與
行動能力的小小生命體，再也不是襁褓時期任您擺布、傻傻
的小嬰兒了！

　　從身體四肢其他方面的發展看來，您的寶寶現在正努力
朝向「直立」的姿勢發展。大多數的寶寶在九個多月大的時
候，已經可以扶著任何可以支持住他上半身重量的物體（例
如沙發椅、小床的邊緣），而讓自己穩穩地「站」上片刻的
工夫。

　　然而很不幸的是，您的寶寶目前雖然已經能夠自己想
辦法站直起來，但是他卻還不懂得如何讓自己坐回原地。因
此，當他享受過了片刻「高高站起」的風光與滋味之後，大
多數九個月大的寶寶都是以「一屁股撞回原地」（蹬股），
或是放開雙手完全失去平衡地跌回地面的方式狼狽收場。

　　父母們在這個節骨眼上，都十分慶幸他們的寶寶仍是兜
著厚厚的尿片，或是開始考慮要為寶寶購買一頂安全帽。您
呢？在此建議您不論採取的是何種的保衛措施，都應該在安
全的環境與範圍之中，多多鼓勵寶寶「跌倒了、再站起來」
的興致，千萬不可因為過分擔心摔傷了寶寶，而限制他自我
學習與發展的機會！

　　除了會自動自發地嘗試著去站起來之外，每當您的寶寶
被大人抱成站立姿勢的時候，他的雙腿還會立即左右交替、
大大地踏起步子來呢！雖然說寶寶的這一種舉動，好像他已
經是迫不及待地想要開始走路，而身為家長的您，也在心中

興奮無比地期待著寶寶早日跨出這人生最重要的第一步，我們給您的建議卻是：「稍安勿燥」！

在寶寶自己開始會走路之前，這個世界仍有許多的知識與新鮮的事物，是唯有當寶寶運用四肢匍匐在地面上爬行的時候，方才能夠充分體會與吸收的。因此我們建議您和寶寶都別心急，等他爬夠了、看夠了、學夠了，寶寶自然而然的會想要站起來走路，為他自己開闢一個更寬廣的學習空間。

九個月大的寶寶在心靈與智慧方面，又有些什麼進展呢？

寶寶現在每時每刻都在聚精會神地觀察四周環境之中的人物、景物以及所發生的各種事物。

每當您遞給他一件玩具的時候，寶寶總是會很快地伸出一隻手來接住。寶寶也會以一種驚人的興趣來「操作、玩弄」手中的玩具或物品，他會從許多不同的角度去研究、不住地翻動扭轉、更有可能會找一樣堅硬的物體（例如牆壁、小床）用力地敲敲看會有什麼後果！

此外，您的寶寶也已經會運用他的食指了！您可能已發現到寶寶不時會用他的食指去戳一戳不同的物體、試一試軟硬的感覺如何。寶寶甚至於還會用他的小食指指著遠方的物體來表達心意哪！

雖然說寶寶現在可能還是會用整個的小拳頭，去握住（也就是夾在大拇指與其他四隻手指頭之間）一些類似小繩子或是麵包屑等細小的物品，但是他的觸覺與手指的靈活程度，卻是已經比一、兩個月之前又進步了許多。用不了多久的時間，寶寶的大拇指與食指，將能夠協調得像鑷子一般，穩當而又準確地拾起一些十分細小的物品了。

　　還記得我們曾經討論過，寶寶還不會自我控制放開握住東西的小手嗎？

　　九個月大的寶寶，目前還是缺乏手掌與手指頭的肌肉控制與協調能力，無法隨心所欲的將一件物品「放置」在一個定點，更無法優雅地鬆開手來。但是聰明的寶寶卻已經懂得，如何在懸空握住物品時鬆開小手，或是先將手中的東西靠在一個堅硬的表面上，然後再放開蜷著的手掌！

　　當有東西從寶寶的高椅子或是小床中翻落時，寶寶的眼光已能百分之一百準確地追隨著這件垂直落體了！有的時候，寶寶可能還是會故意拋出一些玩具，然後再仔細觀察玩具隨著地心引力墜落的軌跡與方式。

　　親愛的家長們，千萬別以為您的寶寶是一個故意搗蛋的小傢伙，也千萬不要因為撿東西撿得很累，而阻止寶寶的學習與發展。當您下一代的大腦正在快速地活動與發展的同時，何妨多為寶寶提供一些您的耐心與許可呢？

　　許多的時候，寶寶會專注凝神地將所有的心思，集中在身旁所發生的事情之上。舉凡大人、小孩，甚至於家中的小動物（例如金魚、小鳥等）所展現出來的各種活動，都能讓您的寶寶注意一段時間。

　　除此之外，寶寶還會對家中所發出的各種聲音（尤其是人的聲音）產生出極大的興趣與注意。

　　在表達能力方面，九個月大的寶寶現在會有意識地運用他的「語音」，來達到與人溝通的目的。寶寶最常表現出來的一種作風就是，當他想吸引別人注意的時候，會先大聲地叫一聲，停下來等一等、聽一聽，然後再大聲地喊一聲。

　　當他生氣或是心情不好的時候，寶寶會憤怒地高聲尖

叫。平時沒事的時候，他也會大聲且音調和諧地發出一長串喋喋不休的音節。您可能聽到的牙牙學語聲包括了「答答」、「媽媽」、「阿嘎嘎」、「阿八八」等的短音節。寶寶不斷地自言自語，不僅僅是在自我陶醉，同時也是他與您溝通的一種方式。

　　最有意思的是，您的寶寶會開始像一隻小小的九官鳥一般，模仿您的聲音，尤其是一些既有趣、又簡單的音響效果，例如寶寶會噘起小嘴「咂咂」作響，或是嘟著嘴大聲發出「親嘴」的聲音。

　　吃飯的時候，寶寶會將他的兩隻小手放在奶瓶或是飯碗、杯子的邊緣，或是以想要握住湯匙的一種舉動，來表達他願意自己（餵自己）吃的意願。當然囉，寶寶是可以自己拿住一塊餅乾來咬和啃的。

　　先蒙住自己的臉，然後再「猜一猜我是誰」的這個遊戲，寶寶現在已經是很會玩了！他不僅很喜歡、很會猜，同時寶寶也會自己蒙住小臉，讓您來猜一猜他是誰哪！至於說一些其他的新鮮花樣，您不妨試著和寶寶玩一玩「一角、兩角、三角形」的遊戲，寶寶現在雖然沒有辦法玩得很好，但是在整個參與的過程之中，他還是會感到十分興奮與愉快的！

　　在社交方面，您的寶寶會在遇到陌生人的時候，緊緊地靠在您或者是他所熟悉的家人的身邊。千萬別以為這是因為您的寶寶個性孤僻或是古怪所使然。其實寶寶的這種自然反應，正明確地顯示出聰明的寶寶已經擁有分辨「熟人」與「生人」的能力了！

　　只要您能在適當的時機、正確地給予寶寶一些信心、勇

氣與保證，那麼大多數的時候，他都會在您的勸說之下改變心意，而試著去接受這一位陌生的「外來客」！

除此而外，您的寶寶也開始會表現出他「性格」的一面。每當寶寶覺得心有懊惱、不痛快、或是遭遇到挫折的時候，他都會毫不保留地以向後上揚的小腦袋、堅硬挺直的身體、以及各種尖銳的哭聲、憤怒的語音，來表達他心中的委屈與不滿！

假如您「不巧」遇上了寶寶鬧情緒的時候，提醒您千萬不可與「九個月大的孩子」一般見識，而應保持冷靜，以「大人大量」和平常心來帶領您的孩子度過低潮。

最後要與您談的一點是，「物質不滅」這一個重要的概念，已經在寶寶的腦海中漸漸的成形了。因此，當有一樣玩具在他的注視之下，部分或是完全被藏在一個枕頭或是一張被單的後面時，寶寶將會不假思索的立即就把玩具找出來。

到此，我們已討論了不少有關於寶寶體能與心智方面大致的發展程度。總而言之，九個月大的寶寶不僅是令人百看不膩的小可愛，他同時也正忙碌地觀察這花花世界中的每一個動靜呢！緊接著下來，在寶寶跨入生命中第四個季節時，他也將會更加積極，甚至於採取「主動出擊」的方式來瞭解這個世界。親愛的家長們，別緊張，本書將會繼續陪伴著您和您的寶寶，一同度過這一段寶寶人生中的重要歲月。

🌑 與「探險家」同處一室

和大多數九個月大的孩子一般，我們或許可以用「滿地亂爬」四個字來形容您寶寶的活動方式！

　　不同的是，有些寶寶的爬行是像小壁虎似的、整個肚皮貼在地板上慢慢地爬；而有一些寶寶已經能像小貓咪一般，高高地撐起了雙手和雙腿快速地到處移動。再過不了多久，您的寶寶就會開始走路了！

　　雖然說有些孩子學步得早，有些孩子則選擇先在地上多爬一陣子再走路，身為家長的您所應該認清的一個事實是，您的寶寶現在已經不再像過去一般，需要您的提、攜、扶、抱，他是一個會自行移動、具有高度機動性的活潑小生命了！

　　從好的一方面來看，一旦寶寶發現了他擁有「自由行動」的能力時，他將會抱持著一種您前所未見過的決心、熱情與好奇心，像閃電一般地四處移動，渴切地探索這個對他來說是全新的生活空間與領域。

　　然而從另外一個角度看來，您不得不提防的一點是，此時的寶寶如果沒有人小心地看著，很容易就會闖禍，或是把自己陷入一些危險的狀況之中！

　　那麼您該怎麼辦呢？首先要請您瞭解的一點就是，在寶寶現在這個年齡，不論您是對他說「不可以」、「不准碰」或是打兩下他的小手心、小屁股，都起不了太大的作用，反而會產生一些負面的效果。

　　怎麼說呢？別忘了九個月大的寶寶才剛剛開始瞭解詞句、話語的意義，他可能根本都還聽不懂說「不」是什麼意思呢！但是寶寶雖然聽不懂您的話，卻可以從您申斥他的語調與打他時的姿勢，弄清楚一件事，那就是「他惹您生氣了」。

　　請您仔細地分析一下您自己的心情，是生氣？是心急？

還是擔心？您願意讓寶寶誤解您呢？還是希望您的孩子從此學會「看您的臉色行事」？

您的寶寶現在還不能完全地體會「危險」所代表的涵義！再加上寶寶目前的記憶力相當的短暫——您對他所發出的警告，很可能在幾分鐘之內，就被忘得精光了！因此，當下一次他再聽到您對他大吼「不行不行、小心小心」的時候，寶寶仍然聽不懂（想不起）您在喊些什麼，也弄不清楚危險的狀況，而可能會毫無戒心地一頭栽進您所不想見到的後果之中！

總而言之，再等寶寶長大幾個月，您才可以比較有效率、比較事半功倍的開始訓練寶寶什麼是可以碰的，什麼是不可以碰的。在寶寶現在這個年齡，處罰是百分之一百無效的。

那麼眼前又該怎麼辦才好呢？衷心地建議您，乾脆採取一項對您和對寶寶而言都是輕鬆而沒有壓力的措施，那就是花一些心思，為寶寶布置一個安全又可以滿足這個小小探險家好奇心的環境，然後任憑寶寶放心大膽地玩個夠！

首先，先將寶寶活動範圍之內所有危險以及貴重的物品全部清除。將牆上所有不用的插座用膠紙或是市售的塑膠蓋子封起來。您還要記得將所有的藥品都收在寶寶打不開的藥瓶之中，並確實將藥瓶放在寶寶絕不可能拿得到的架子上。

家中「所有的」清潔劑，包括廚房、浴室、洗衣、擦玻璃用的化學用品，務必要收好在寶寶搆不到或是打不開的安全櫥櫃中。

對於室外的防範，您同樣的也不可掉以輕心，陽臺走廊上的盆景、鞋油、雨傘等等，對寶寶的安全都足以造成極

大的威脅。此外，您還要小心地檢查陽臺欄杆之間距離的寬窄，以及每一枝欄杆是否都是堅實與牢固。

而如果您的住家是一樓，或是平房可以直通大馬路的話，那麼您就更要小心了！您應該要仔細地檢查每一扇通往馬路的門，確定寶寶無法自己把門打開，做起「馬路小英雄」來。別忘了，寶寶早就已經不再是一個被動的觀察者了，一旦寶寶的好奇心被街上的車水馬龍所吸引，他就會變成一位最佳的運動選手，迅捷地「爬上」他的探險之旅哪！

當您將居處內外都為寶寶準備妥當之後，還可以為寶寶多預備一些學習的教材。即使是家中用舊了的（安全的）鍋、碗、瓢、盆，寶寶都可以從中學到新的知識，因為對於寶寶而言，玩耍就是學習！

九個月大的寶寶對於新的事物，特別的感興趣。何不多為您的寶寶提供一些新的物品、玩具，儘量地滿足寶寶的求知慾與好奇心呢？別忘了，在寶寶現階段的發展中，每一樣他所接觸到的新鮮事物，都將直接成為他大腦之中「知識工廠」的新原料。而這些從小就獲得的知識與經驗，點點滴滴都將成為奠定他日後發展求知慾、創造力、以及語言能力的基石。因此，在您百忙的生活之中，請別忘了時常花一些心思，不斷地為寶寶物色些新鮮的「玩物」！

開飯啦！

對於一個九個月大的小生命而言，生活就是學習，吃飯的時間也不例外。然而對於許多忙碌或是有潔癖的家長們而言，每餵寶寶吃一頓飯，很可能就是一段驚心動魄的經驗！

本書在此提醒您千萬要沉住氣，別忘了「吃飯皇帝大」，當寶寶的身體與心智同時在吸收與成長的時刻，何不心平氣和地與寶寶共同來完成這項重要的任務呢？

當您餵寶寶吃東西的時候，何不另外給他一隻湯匙或是小茶杯，讓他可以自行敲打、比弄、過癮一番？

而當寶寶表示出要自己用手抓東西吃的意願時，您也不必驚慌。為他準備一些不至於弄得太凌亂，但又是小手可以拿好往小嘴裡放的食物（例如麵包塊、煮過的蔬菜丁、小塊的水果……）讓寶寶自己吃。而您還是可以餵他吃完其他的飯菜，以確保寶寶攝取到足夠的營養與熱量。

唯一請您要注意的是，您為寶寶所準備的食物一定要柔軟、而不至於卡在喉嚨之中，以免造成了窒息的危險。

寶寶在剛開始的時候，還不太能夠把食物穩穩地拿在手中，並送到小嘴中去。寶寶所採用的方式，是先用整個拳頭緊緊地握牢一小塊食物；將拳頭舉到嘴旁；靠在嘴唇旁張開他的手指頭；然後用整個手心的力量，把食物塞進小嘴之中。憑良心說，看起來的確是相當的「恐怖」！但是請您一定要忍住內心的感受，繼續鼓勵寶寶不斷地練習。您也不要表現出任何負面的情緒，以免寶寶受了影響，連帶的對食物也喪失了興趣！

從寶寶的心理發展來看，讓寶寶自己吃東西，正是讓他開始「獨立」的一種最自然的方式。九個月大寶寶的心中，已能漸漸地體會出他與父母是完全不同、而且分立的個體。這是一種健康、而且必須的認知，遲早都會在寶寶的腦海中成形的！

然而成長是有代價的，與「獨立」同時而來的就是「分

離」。分離是不好受、是傷心、是痛苦的！

　　對於您的寶寶而言，如何能成功的處理好與獨立自主同時而來的掙扎與焦慮，完全取決於他的主動力、進取心、以及自己下決心的能力！而寶寶在日常生活之中餵自己吃東西的經驗，正好提供了一個作抉擇的機會——選擇是否要開始為自己做一些事、是否要自主、是否要獨立、是否要分離！

　　讀到此，您是否也覺得讓寶寶開始試著自己吃東西，是個不壞的主意呢？

新頻道

　　從寶寶呱呱墜地、發出宏亮的哭聲的那一刻起，在這個原本已經「人聲鼎沸」的世界中，就正式地增添了一名「發言人」了。

　　一般而言，寶寶會在八到十五個月的這一段時日中，清楚而正確地說出他的第一個字。然而因為寶寶已經在過去的兩個多月裡，模仿了許多聽到的聲音，雖然他的童言童語可能未盡標準，但已經足以讓您搞不清楚寶寶真正「說出」（而不是發聲練習）第一個字的時間了！

　　在養兒育女的歷程之中，許多父母都可以在多年之後，仍舊清楚地記得寶寶開口說第一句話的準確年齡、以及他所說的第一個字。然而在寶寶語言發展的過程中，還有一項值得您仔細觀察與留意的特徵，那就是寶寶所發出語音種類的多寡。

　　只要您花幾分鐘的時間、專心地聽一聽寶寶的發聲練習，您不但能聽到寶寶用不同的組合方式來發出不同的語

音,您還會聽到寶寶反覆練習,發出一長串相同的口語聲。聽久了,您也許會覺得寶寶的「語言學習」,簡直就像是一曲藝術風格與品味都極其動人的奏鳴曲呢!

您也許會問,除了細心地觀察以及做一名忠實的聽眾之外,您還能爲寶寶做些什麼呢?答案很簡單,您要多多地鼓勵寶寶繼續他的發聲練習,並且還要儘量地多和寶寶說說話。

經過了九個月以來的練習,寶寶與您對話以及模仿您說話的本事,已是大有進展了!舉個例子來說,以往每當您對著寶寶說「乖乖」的時候,寶寶也許會以「咕咕」來回應您;當您再以「乖乖」來回答他的時候,他也依然會再說一次「咕咕」。獨處的時候,寶寶也有可能會自己練習這種與您對話的模式,而不斷地發出類似「乖……咕……乖……咕……」的語音。

漸漸的,當您對他說「乖乖」的時候,他已經可以模仿得相當眞切,而以「快快」、甚至於「乖乖」來回答了!

最後要提醒您的一點是,寶寶也許已經會不時地發出類似「媽媽」、「爸爸」的語音,但是絕大多數的可能,都是「言者無意、聽者有心」!也就是說,寶寶隨興所發出的幾個音,您卻興奮地以爲他是在叫您!大多數的父母都寧願(自欺欺人地)相信寶寶是在叫自己,而熱情地反應他的呼聲(語音)!有意思的是這麼一來,寶寶因爲受到「特別」的鼓勵,而加快學會了正確使用「媽媽」、「爸爸」這兩個名詞。

戲法人人會變

在前面幾個月，我們曾經多次提到「物質不滅」這個定理，是寶寶在心智成熟的過程中，必須要領略與融會貫通的一個重要觀念。

在寶寶滿周歲之前的這一段日子內，您可以輕輕鬆鬆、寓教於樂地幫助寶寶早日建立起「物質不滅」的觀念。以下我們就要教您幾套既簡單又有趣的小把戲，讓您可以在教育寶寶的同時，還享受一下「變魔術」的樂趣！而這些戲法與一般的魔術不同的是，您的任務是要為寶寶「拆穿」（而不是隱藏）每一套把戲的竅門！親愛的家長們，您可準備好了嗎？

戲法一

找一件寶寶感興趣的玩具，先放在寶寶的眼前讓他看一陣子，然後鬆開手來讓玩具掉到地上。如此反覆進行幾次之後，聰明的寶寶將會發現其中的邏輯，而在您一鬆開手時，立刻開始用目光在地板上搜尋玩具的去向。

接著下來，您可以試著在手臂上懸掛一條長可及地的被單或是毛巾，然後當著寶寶的面鬆開手，讓玩具從毛巾的背面掉到地上去。注意觀察寶寶是否會試著到毛巾的背後去尋找他的玩具？如果寶寶表現出來的是一種相當困惑的神情，那麼您可以慢慢拉高拖在地面的毛巾，直到寶寶重新發現掉在地面上的玩具為止。

這一套戲法的巧妙之處，在於它利用了物體垂直落地時的快速移動，直接激發了寶寶尋找失物的本能，也間接的讓寶寶對於「物質不滅」產生一些概念。

戲法二

讓寶寶在您的手心中放一樣小東西（例如一個花型髮夾或是汽水瓶蓋），然後慢慢地直起您的五隻手指頭、捲曲起來、握成一個拳頭，務必做到「水洩不通」、讓寶寶看不見手中所藏的物體爲止。

您不妨仔細地觀察寶寶是否會伸手去試著捉住您的拳頭，或是努力地想要掰開您的手指頭！

如果您的寶寶在此時並沒有採取任何行動的話，您可以先伸開一或兩隻手指頭，讓寶寶看到手中物體的一部分，然後再看看他會不會採取下一步的動作。

要成功地玩好這個戲法的訣竅在於，您所選擇的掌中之物不但一定要是寶寶所感興趣的，而且還必須要小到足以整個被包藏在您的手中，否則一旦「見光死」，就完全失去這戲法的意義了。

戲法三

找一件形狀不規則、而且在外形上有許多不同特色的物體，例如寶寶心愛的玩偶或是娃娃、狗熊之類的玩具。

首先，請您先用一個不透明的紙袋，把玩偶的全身都遮住，而僅剩下玩偶的頭部露在外面。將包裝好的玩偶放在

寶寶的視野之內，給他一段足夠的時間（一個小時、一個下午，甚至於一整天都可以），讓寶寶慢慢欣賞與品味他心愛玩偶的頭！

接著下來，將玩偶身上的紙袋全部拆掉，放回老地方，再給寶寶一段時間，讓他能仔細地觀察玩偶的全貌。

您可以不斷反覆以上所說的兩個步驟，而讓寶寶明白不論他是否看得到玩偶的全貌，玩偶都是好端端地存在於原地的道理。

您還可以更巧妙地來潤飾這個戲法：將玩偶的頭、腳遮蓋起來，只讓寶寶看到露出的腰部，然後再與玩偶的全貌交替更換。

這麼一來，寶寶將能從另一種層面來體會「物質不滅」的道理。

請您千萬別小看了這層我們覺得理所當然的「概念」。這個新觀念對於寶寶而言，可能比當初哥倫布發現新大陸的消息，還要值得興奮呢！

一知半解？

大多數的家長（大人）們，都會等到孩子四、五歲之後，才開始警覺地提醒自己：「有些話最好不要讓小孩子聽到」！而在孩子比較小的時候，我們通常會「直覺」（主觀）地認定，小孩子反正聽不懂大人在說些什麼，因此我們在孩子面前的言語，也就毫無戒心、口沒遮攔了！

然而沒有一個人（或是專家）能夠清楚地指出，人類的

下一代是從什麼時候開始，可以「聽得懂」語言所表達的真正涵義，也沒有人能弄清楚寶寶又到底是「聽懂了」多少！

研究學者和家長們所能做到的，只是仔細地觀察寶寶在每聽到一個字之後所表現出來的反應。我們可以大致確認的一點是，當寶寶開始每次都用相同的一種方式，來反應我們所說的某一個字、一句話的時候，他應該就算是聽懂了！

舉個例子來說，許多九個月大的孩子已經會在聽到父母用很大聲、而且極不讚許的口吻對他說：「不可以！」的時候，立刻打消他正要去做某一件事的念頭。您覺得寶寶這樣的反應，算是已經懂得了「不可以」的意義了嗎？

令許多學者專家不斷懷疑與試著去證明的一點是，寶寶的反應到底是真正針對於「不可以」這三個字呢？還是因為聽到當您說「不可以」時的音量、音調與語氣之後，才做出停止的反應呢？直到目前為止，各種學術研究的結果，依舊是無法對這個疑點提出定論來。

事實上，我們不難在日常生活中發現到，大人說話時的聲調與用語對於寶寶所產生的影響。

不論是父母或是保母，一般人在照顧孩子和對著寶寶說話的時候，都會在不知不覺中重複使用許多相同的用辭與字眼。可塑性極高的寶寶通常會在很短的時間之內，將他最親近的大人說話時的聲調、節奏、甚至於口音與特徵，都模仿得微妙微肖。而如果當寶寶在試著模仿的時候，適時接受到被模仿者高興的鼓勵與肯定，那麼他將會更有信心地學得更多、更好。

在一個研究六到八個月大寶寶發聲（但不是說話）的實驗之中，學者專家們採用了來自不同文化背景的嬰孩們作

為實驗的對象。經過反覆的試驗之後，研究人員發現到他們可以僅憑著寶寶發聲的特色，就能準確無誤地從一群寶寶之中，辨認出其中一名中國娃娃來。

這個結果很可能是因為淵遠流長的中文，在咬字、發音與抑揚頓挫、起承轉合方面的用法與結構，本來就和世界上大部分其他的語言之間，存在著顯著的不同。但是從這個實驗看來，寶寶在「語言之前」的發聲階段，對於語音方面的聽力與模仿力，已經是相當的準確與敏銳了。

從另外一個同樣也是研究寶寶在「模仿發聲」階段的發展實驗之中，我們也發現到一些相當有趣的結果。研究人員們錄下兩個（分別是十和十三個月大的）寶寶在三種不同的情況下：獨處、與媽媽共處、與爸爸共處時，所發出來的語音及哭聲。

結果發現，兩個寶寶的哭聲都不受環境的影響，但是寶寶牙牙學語的發聲練習，卻是會「見風轉舵」的！簡單的說，當寶寶與媽媽共處一室時所發出來語音的音階（也就是頻率），要顯著的比當他和爸爸同處一室時所發出的音頻，高出了許多。

很顯然的，成年男性的聲音是要比成年女性的聲音低沉許多，而音感敏銳的寶寶不但能察覺出其中的差別，同時還能舉一反三地運用在自身的語言發展上面哪！

想像您的寶寶是一隻小小的九官鳥，您是不是會在下一次想要開口罵人、說人壞話、或是諷刺人之前，三思而後言呢？

關監牢？

隨著時代的進步，愈來愈多的家長必須爲了生活而整天忙碌。當您筋疲力盡地回到家中，所必須面對的「卻」是一個精力旺盛、到處亂爬的九個月大小搗蛋時，爲人父母此時心中的滋味，很可能就像是寒天飲冰水，冷暖只有自己清楚了。

許多家長們不得不經常把寶寶「安置」在他的小床中。也有些腦筋動得快的廠商，設計出許多不同種類的「遊戲床」，讓寶寶在父母忙著家事、公事的時候，能有一個安全的玩耍空間。

不論機動性極高的寶寶是在小床中也好、或是在遊戲床中也好，對於忙碌的父母們而言，這都是一種精神上極大的解脫。

遊戲床的欄杆就像是一道小小的「圍欄」，可以將寶寶的玩具、他自己、和他所可能製造出來的髒亂，全部都圈在一塊小小的範圍內。這道欄杆也可以在寶寶想站起來的時候，當作他穩當的扶手。即使寶寶站不穩摔倒在小床中也是非常安全的。最重要的一點是，這種方式使得寶寶沒有辦法主動地「找您的麻煩」，而讓您可以安心與專心地，做完您所想與所應該要做的事。

雖然說遊戲床對於父母們而言有這麼多的好處，但是我們不得不提醒您，遊戲床的使用，直接限制了寶寶的活動範圍和發展空間。

如果寶寶每天有過長的時間是在遊戲床、小床，甚至於

高椅子中度過的話，那麼他的「人生經驗」，也就是學習與發展的機會，將會直接、明顯地受到限制，並產生負面的影響！

一個成長中的小生命，每天「至少」需要幾個小時自由活動的時間，讓他可以隨心所欲地舒展四肢、鍛鍊自己的活動能力。更重要的是，寶寶得以「任性」地探索周遭的大環境，藉以激發大腦的活動與成長。

以下我們要列舉幾樣您為了求得片刻安寧所必須付出的代價，換句話說，就是寶寶在遊戲床之中所得不到的經驗。

九個月大的寶寶可以在「四處閒逛」的時候，發現到有些通道的空間太小，他是爬不過去的；有些家具的下方離地面太近，是他鑽不過去的。請您千萬別小看了這些似乎微不足道的小常識，對於成長中的寶寶而言，他需要從這種實際的經驗之中，弄清楚他與外物之間的相對關係。更重要的是，寶寶會因而對他自身軀體的大小、形狀，以及各種的特性與能耐，產生更深一層的瞭解。

當寶寶無意之間爬到牆角，或是走廊的盡頭而進退不得的時候，他會領悟到除了倒退或回頭這兩條路之外，他是完全動彈不了了。許多的寶寶會因此學會「向後（倒退）爬」。

在家中不同的房間之中，寶寶會發現到不同建材的地面（水泥、瓷磚、木板、地毯……）之間的差別，以及所帶給他的不同感受。

寶寶目測距離遠近的能力，也會在他的自由活動之中有所長進。

怎麼說呢？道理其實很簡單，假設寶寶的視野之中有兩

樣物體同時吸引著他的注意力，當他發現到其中的一樣他只要爬幾步就可以拿得到，而另外一樣卻需要他爬上老半天、費了許多氣力才弄得到手的時候，他自然而然就會懂得這兩樣物體相對於他的遠與近的差別了！

從鏡子、玻璃門窗，以及許多會反射影像的家具倒影之中，寶寶會看到家中「另外一個寶寶」的模樣兒，也更能體會出大人口中「小傢伙」、「小嬰兒」這些名詞的真正涵義。

當寶寶想要站起來練習走幾步路的時候，他會試著去扶住家中各種家具的邊緣，從而發現到不同的物體之間，同時存在有輕、重、軟、硬的差別。不是嗎？重的東西可以支撐住他小小身體的重量，而輕的東西容易翻倒；軟的東西掉在他身上的時候不會覺得怎麼樣，但是當硬的東西落在身上時，則代表了疼痛、傷口，甚至於流血。

說穿了，您的寶寶就是在這種嘗試與錯誤交替的經驗之中，點點滴滴地學習、慢慢地長大。寶寶是藉著爬行、移動和探險，而達成他學習與成長的任務。

即使您在寶寶的遊戲床中準備再多的玩具，他每天消磨在遊戲床中的時間愈長，學習的經驗就會受到愈大的影響，甚至可能延緩了寶寶在整體方面的成熟與發展。

親愛的家長們，在您百忙的生活當中，如何恰當地運用遊戲床，從中得到最大的益處，而又不影響寶寶的學習與成長？如何能在限制寶寶的行動自由與任其發展之間尋找一個平衡點？除了直覺之外，似乎還需要您細心的設想與安排。何不趁現在就利用幾分鐘的時間想一想，您該怎麼辦？

生病的時候

　　雖然天下的父母都希望自己的孩子永遠不要生病，但事實上，生病就像是長牙、學走路一樣，是寶寶成長過程中極其自然的一部分。差別在於有的嬰兒病得多、有的嬰兒病得少。除非是寶寶病得極為嚴重，否則您大可不用過分的緊張。

　　大多數寶寶們所生的病都是經由傳染而得來的。在現今發達的醫學體制之下，一般說來，只要您按時讓寶寶接受預防針的接種，寶寶即可避免大多數傳染性的疾病（例如天花、痲疹、小兒麻痺、肝炎、腦炎……）。因此，寶寶經由傳染而生的病，最有可能的就是由病毒（或是細菌）所帶來一般常見的傷風、感冒了。

　　人只要是生活在這個世界上一天，就會和細菌、病毒有所接觸，您的寶寶也不例外。此外，寶寶也必須靠著這種經常與細菌、病毒的接觸，建立起自身的免疫系統與抵抗力。

　　在這裡我們要強調的一點是，接觸細菌與病毒，並不代表一定會生病！

　　細菌與病毒的強弱、多寡，和寶寶自身的抵抗力，是決定他會不會生病的兩個主要因素。因此，您雖然不需要刻意地「隔離」寶寶和細菌、病毒的自然接觸，我們也不建議您故意的讓寶寶處於一個很有可能讓他生病的環境中，希望藉此增強寶寶的抵抗力。要知道，即使是預防針，也不能保證是百分之一百有效的。

　　我們建議您應該要閱讀一些有關於育嬰醫學方面的書

籍，以備當寶寶發燒、流鼻水、咳嗽、甚至於嘔吐、瀉肚子的時候，能夠妥善地照顧好寶寶。

在此我們要提醒您兩個大原則：

第一，一定要按時、定量的讓寶寶吃藥，千萬不可因為家長過度的大膽或疏忽，造成不可彌補的憾事！

第二，要小心留意併發症初期的症狀。您雖然不是醫生，但是一般嬰兒因感冒所引起的併發症狀，包括了中耳炎（寶寶不停地抓耳朵）、扁桃腺炎（高燒不退）、氣管炎（呼吸混濁有雜音）等常發生的情況，您還是應該隨時提高警覺的。

總而言之，當寶寶生病的時候，請以平常心看待，提醒自己寶寶是在為他日後的免疫力鋪路；同時，也別忘了要好好地照顧這個小病人，幫助他早日恢復健康！

 提醒您！

❖寶寶是否按時接種麻疹疫苗？
❖多多練習我們教您的幾套戲法！
❖經常注意寶寶是否擁有足夠的自由活動，以及安全的活動空間！

迴　響

　　我實在是不知道應該要怎麼樣才能用這隻禿筆來形容我對《教子有方》的感謝！

　　我不但每個月熱烈的期盼著《教子有方》的到來，同時還非常喜歡研讀它每一期精闢的內容！

　　《教子有方》總是讓我放心地知道別的父母也和我有同樣的問題；而您們對於不同問題所提供的解決之道，也都相當的有效。

　　這麼說吧！我覺得《教子有方》之於父母的重要性，正好像是尿布對於寶寶一樣：你可以不必去使用它，但是有了它之後，卻能使所有的事情都變得比較容易處理了！

　　　　　陳太太（美國康乃狄克州）

第十個月

進步神速的十個月大寶寶

在日復一日匆匆流逝的時光裡，您的寶寶已經邁開大步跨進他生命中的第四個季節！

忙碌的家長們通常會在寶寶快滿周歲前的這幾個月內，驀然驚覺：「怎麼才幾天的時間沒有注意（或是沒見到）寶寶，他就好像已經變成另外一個人似了呢？」

的確，您的寶寶現在就像是我們常說的「見風長」一般，正使出他的渾身解數，以最快的速度在吸收、學習、成長與改變。

十個月大的寶寶，當您用雙手抱住、或是撐住他胸部（肋骨的部位）的時候，他已經極有可能會懂得利用雙腿來支持住自己一部分的重量（而不完全靠著您的扶持），然後他會用雙腳強而有力地踩著地板或是您的大腿，享受一下「上下活動」的動感與樂趣。

有些寶寶甚至已經可以靠自己的力量，扶住一件沉重的家具（或是小床）的邊緣，成功地

十個月的小寶寶喜歡做的事：

· 把手指頭伸進一些小洞或是窄小的開口中去。
· 用手掌拍桌子或是與人對拍。
· 將自己的身體拉成直立、站起來的姿勢。
· 觀察與探索周遭的「硬體」環境。

為寶寶提供以下的項目：

· 厚紙板或布製的娃娃書。
· 穿成一串的塑膠籌碼。
· 可以搭高的積木、玩具或是空盒子。
· 會活動的玩具。

把自己的小身體拉成直立、站起來的姿勢。

許多十個月大的寶寶也已經可以靠著他們高高撐起的雙臂與大腿在地上自由爬行，或是利用一些其他的方式，成功地移動自己的身體。

約有65%的十個月大嬰孩，會自動且有目的地改變他們在大環境中所在的位置。

當然囉，當您的寶寶剛開始（像小動物一般）在地上移動的時候，他很可能爬得很笨拙，手腳之間的動作不是非常協調，身體的姿勢也可能十分的彆扭，但是在許多家長的印象之中，寶寶通常是在轉眼之間，就會像個經驗老到的箇中好手一般，姿勢優美如行雲流水般在您的腳邊到處穿梭了！

精力旺盛的寶寶，現在除了睡覺的時間之外，不僅是一秒鐘都「閒」（靜止）不下來，「沒事」的時候，更是絕對不肯雙眼望著天花板躺在床上。假如您硬是讓寶寶面朝上地平躺下來，他大約等不了一秒鐘的時間，就會一股腦兒地翻過身子坐直起來了！

一旦寶寶坐直了上半身，他不僅可以左右自如地扭轉軀幹，以任何角度傾斜上半身，伸手去撈取一樣玩具，他還可以隨時再直起上半身、坐回原樣。

而當寶寶將他所「坐」之處周圍所有「好玩」的事物完全弄清楚了之後，他就會利用手與腿的移動，改換一個位置，重新開闢一個他可以「征服」（探索、學習）的「戰場」（領域）。

有空的時候，請您觀察一下寶寶的兩隻小手，看一看他的小手是不是已經不再是前幾個月時，像極了兩個「小肉包子」或胖胖的「海星」呢？

寶寶的十隻小手指頭在過去這一段時日之中,已經變得更加靈活、巧妙自如,也更能技巧地拿住一些東西。寶寶的大拇指與食指已經可以合作無間地夾或是捏住細小的物品了。此外,有些寶寶甚至於還會撿起一小塊麵包屑或是小餅乾。

注意到寶寶有意思的食指了嗎?沒錯,寶寶兩隻可愛的食指不僅會戳、會挖,還會彈東西呢。如果寶寶發現了一個小洞,他的食指會毫不遲疑地伸進洞裡面去試一試,一方面瞭解洞裡面有些什麼名堂,另一方面也會把洞口弄得大一點,讓他能看得更清楚洞內的天地。

許多寶寶會很有恆心地利用食指把家中的牆壁「鑿」出一個大洞來。如果您的寶寶也正在或是已經做了同樣的事,那麼請您千萬要按捺住胸中的火氣,在找工人修牆壁的同時,不要忘了,牆壁雖然犧牲了,但是寶寶卻已藉著食指「探鑽」小洞的經驗,領會與體驗到許多長、寬、高等立體與三度空間方面的概念。您覺得值得嗎?

值得一提的還有,寶寶除了運用十指的能力大有長進之外,他逐漸成熟與自主的大腦,也更加能夠與他萬能的雙手密切配合了。

舉個簡單的例子來說,當寶寶看見一樣喜歡但是伸手拿不到的東西時,他會一邊用食指指著那樣東西,一邊發出許多「要求」與「命令」式的聲音,讓身在他附近的您絕對無法忽視他的意願。

十個月大的寶寶也會自我學習物體的形狀與質料。怎麼能看得出來呢?請您仔細旁觀當寶寶手中握住一樣(尤其是他從沒有見過的)東西的時候,他都在「做」些什麼?

　　寶寶會不時地將這樣物體在他雙手之間交換著、塞進他的小嘴中試試看、在地上使勁地敲打一番，以及做出許多凡是寶寶能想得出來「掌握」與「控制」物體的舉動。在經過反覆「研究」之後，寶寶也就能對一樣物體的特性產生相當的認知了。

　　在此要為您補充說明的一點是，雖然寶寶現在還是會像小時候一樣，不時把一些東西塞進小嘴中，用他的唇、舌與齒來瞭解這樣物品，但他其實早就已經比過去更喜歡、更習慣、也更有效率的利用他的雙手與雙眼，來作為他熟悉這個世界的「觸角」。

　　在心智成熟方面，十個月大的寶寶不僅能夠專注心思在一件感興趣的事或物之上；他還能夠將思緒同時集中在兩件事情上；更可以持續不斷地專心研究一樣接著一樣在他眼前變換的（他所感興趣的）事物。

　　身為家長的您請注意了，從現在開始您必須養成「尊重寶寶」的好習慣。當寶寶專心在做一件事的時候，千萬不可為了一些微不足道的小事（您的約會、您的起居習慣……）而貿然打斷寶寶的思路！

　　您應該盡可能讓寶寶不受干擾地完成他的「腦力活動」。唯有如此，您的寶寶才能一次比一次延長他能夠專心的時間，而逐漸養成凡事都能集中心思、專心去做的好習慣。要知道，許多在上了小學之後無法專心上課或是學習的孩子們，他們在嬰兒時期的活動，就是為了將就父母的生活步調而經常被打斷的。

　　總而言之，別忘了寶寶現在已是家中的「活躍分子」，他參與著家中的每一項「活動」（談話、動作、感

情……）。寶寶以「先來後到」的心情尊重家中其他的成員，也期盼著他的成長能夠得到應有的尊重。

寶寶喜歡玩些什麼？

疲於應付精力旺盛的寶寶嗎？想不出還有些什麼花樣可以逗寶寶開心？以下我們就為您出一些主意、想一些新鮮點子，讓您只要花少許的心思和精神，就可以讓寶寶玩得開心、學得輕鬆，而您自己也能同時享受到其中的愉快，共創一段難忘的歡樂時光。

首先，我們要為您和寶寶介紹的是「模仿」遊戲。建議您可以做些日常生活之中簡單、實用、且寶寶可以模仿的「動作」，讓寶寶學習與練習。

舉凡拍拍手、揮揮手（說拜拜）、點點頭、摸摸鼻子、吐吐舌頭、咂咂嘴唇、聳聳肩……等，都是一些您可以經常與寶寶在一起消磨一段好時光的「模仿」遊戲。

經由這些重要的「模仿」活動，寶寶得以實際經驗到成人世界中的各種行為、舉動、音效……，初次領會到「與有榮焉」的驕傲；同時寶寶還可以在學習過程之中，增添許多寶貴的、與人接觸的「社交」經驗（例如眼光的相對、互相微笑、臉部表情的交流……）。

此外，「猜猜我是誰」依然還是十個月大的寶寶樂此不疲的一個遊戲。

在您的頭上蒙一塊大手帕或是薄的絲巾，故意對著寶寶說：「媽媽（爸爸）在哪兒呀？」、「她（他）是不是上班去了呢？」當寶寶（或是您自己）將蓋頭掀開的時候，您可

以高聲宣布：「在這裡呀！」

　　如果寶寶不反對的話，您也可以試著把手帕蓋在寶寶的頭上，然後您可以稍微提高嗓門地問：「寶寶呢？」、「寶寶怎麼不見了啊？」等一會兒，試試看寶寶會不會興味濃厚地自動掀開手帕來逗您笑？否則您也可以輕輕掀開手帕，然後高興地說：「寶寶原來躲在這裡哪！」

　　「猜猜我是誰」這一類的遊戲可以幫助寶寶瞭解我們曾經多次討論過的「物質不滅」（也就是物體在肉眼看不見的時候仍然存在）的道理。另外一個我們稱之為「消失中的物體」的遊戲，同樣也能簡單明瞭地讓寶寶

領會出這個道理。

　　「消失中的物體」怎麼玩呢？很簡單！在寶寶的注視之下，將一件寶寶喜歡且不會弄破的玩具，慢慢挪到

一個枕頭的背後去。接下來您不妨走開一些，靜靜地觀察寶寶像貓捉老鼠一般撲向枕頭，然後一把抓牢他心愛的玩具抱在懷中。

　　比較「困難」一點的玩法是，讓寶寶看著您把一串鑰匙放進您的皮包裡，然後稍微（但不是完全）關上皮包的開口。接下來，將整個皮包交給寶寶，鼓勵他幫您找出那一串鑰匙。

　　如果您的寶寶可以獨力找到皮包中的鑰匙，這就代表他已經懂得一件物體雖然是被「藏」在一個眼睛看不見的地方，但仍然是完好無缺存在的道理。

　　您應該要為您的寶寶感到高興與驕傲。因為這種對於「物質不滅」的確切認知，不僅是寶寶成長過程中一個難忘

的經驗而已，同時還是他學習階段之中，一個無比重要的里程碑。因為一旦寶寶能融會貫通地吸收「不論眼睛看不看得見，物體都是存在」的道理，他就可以自然而然地將之運用到「人」的身體上去。

也就是說，寶寶會開始瞭解當父母、親人，甚至於寵物、奶瓶不在身旁的時候，並不是就此消失不見、煙消雲散了，而是好端端地存在於另外一個他「暫時看不見」的空間之中。因此在他面臨「分離」的時候，不會像拚了小命似地奮力抵抗，而能夠比較勇敢地處理內心的情緒，並且平靜地期待下一次的相見。

其他還有許多簡單而且寶寶也喜歡的遊戲。例如您可以先問：「我們的寶寶有多大啊？」然後再用雙手拉住寶寶的小手，一邊將寶寶的雙臂大大地往身體的兩側張開（或是高高地舉過頭頂上），一邊說：「有這麼、這麼、這麼……大呀！」

您也可以先用一隻手拉住寶寶裸露在外的一條手臂（小心別讓寶寶著涼了），然後用您另外一隻手的食指與中指，一邊由外而內地「走」在寶寶的手臂上，一邊說唱童謠。例如您可以唱：「小老鼠，上燈臺，偷油吃（手指頭「爬」到寶寶的肩膀），下不來（手指頭停在肩膀上不動），唏哩呼嚕滾下來（手指頭「滾落」寶寶的手臂）！」

此外，還有一個可以逗得寶寶十分開心的玩法，那就是您可以鬆鬆地在寶寶的脖子或是腿上繫上一條色彩鮮豔的緞帶，然後讓寶寶自己去解下來。您會發現寶寶非常享受那種「一把拆開」或是「掙脫束縛」的痛快，喜歡反覆不斷地玩這個遊戲。當然囉，您也應該在一旁為他加油、打氣。每當寶寶扯下一條緞帶的時候，就要像一位盡責的啦啦隊員一

般，為他大聲地喝采、助興，讓寶寶玩得更加起勁。

在四肢和體能方面，寶寶喜歡在床上、地板上做各種不同的翻滾（或翻觔斗）活動。何不找一個疏散筋骨的機會，換上輕便的衣服，和寶寶一塊兒出出汗、「角力」一番？

當您玩累了的時候（通常您會比寶寶先覺得累），不妨躺在原地休息一陣子，而此時您的「身體」（肚皮、雙腿……）還可以「靜」物利用，當作是寶寶「越野障礙爬行運動」中的高原、山丘，讓寶寶有一個全新的體能挑戰，滿足他克服險阻的慾望，同時也發洩旺盛的精力。

此外，對於寶寶而言，當他趴在您的身上時，您的咳嗽以及笑聲所引起胸腔和腹腔的各種震動，都會令寶寶感到無比奇妙。即使您只是躺在那兒靜靜地說話，寶寶也可以貼切地感受到經由您的軀體所傳達出音波的振動及變化，而紮紮實實地上一堂重要的物理實驗課。

在寶寶漸漸成長的過程之中，許多家長們或多或少都會產生一個共同的疑問，那就是：「如何能在經濟許可的範圍之內，為寶寶選購一些教育性質多過於垃圾性質的好玩具呢？」

一般說來，一樣玩具的「價錢」和它在寶寶心智成長過程中所代表的「價值」，並沒有直接的關係。

當您在為十個月大的寶寶選購玩具的時候，除了安全的考量之外，您應該盡可能地買一些寶寶真正可以「玩」，而不是光能「欣賞」的玩具。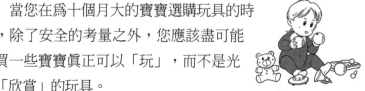

譬如說寶寶的小手可以把它拆開來、再拼湊回去的玩具；寶寶可以利用它來「製造」一些聲音的玩具；可以扮家

家酒、可以抱、可以當作枕頭的布玩偶；透明，內含有移動時會活動的小零件的玩具；甚至於家中現成讓寶寶可以敲（不壞）、啃（不爛）的物品，這些都是對於一個十個月大的寶寶而言，相當具有「正面教育意味兒」的玩具。

此外，當寶寶洗澡的時候，您也可以用些可以盛水、漏水；飄浮、下沉；吸水、擰乾……等的玩具或是家用物品，讓寶寶在洗澡的時間不僅能玩得愉快，同時還能藉著玩耍，實際瞭解一些水的（物理）特性。

但是請您千萬要注意的一點是，當寶寶在浴盆中玩耍的時候，您除了要記得「絕對不可」利用寶寶還在水中的時間使用「任何電器」（例如吹風機）；要小心寶寶因為坐不穩而滑倒、或是碰撞到浴池的邊緣；您的視線更應該「一秒鐘都不能離開寶寶」，以免發生不幸的意外！

最後我們想為您說明的一點是，您經常會在影片或是畫報上看到，家長（多半是父親）把寶寶高高拋向半空中，然後再親膩地接住寶寶的唯美、動人鏡頭。事實上，這麼優美的畫面在醫學專家們的眼中，其實是一種非常危險的舉動。一不小心「樂極生悲」的下場，輕則寶寶因為沒有被接穩而摔傷了；重則寶寶的大腦、中樞神經系統因猛烈的震盪而受到永久性的傷害，都是很有可能會發生的。

因此我們奉勸您，不論是在何時、何地、何種心情之下，都千萬不要嘗試自己的臂力與寶寶的運氣！除了不要把寶寶像是一塊比薩餅麵皮一般拋在頭頂上之外，您也不可以光抓住寶寶的雙手，然後在原地把寶寶「飛轉」在半空之中。因為這些都是大人們自以為好玩，但是對於寶寶而言卻是足以威脅生命的「危險遊戲」。

　　讀到這裡，相信您對於如何與十個月大的寶寶，安全、健康、有意義地共享親子同樂的時光，已經有了不少的概念與想法了！

　　希望您除了能在百忙生活之中，留下一段屬於您與寶寶的美好回憶，還能經由帶領寶寶玩耍的方式，扮演好寶寶一生中最重要的「啓蒙師」。

言語的基礎

　　在您的寶寶還沒有正式開始說話之前，我們想藉這個機會爲您解說一下，寶寶是如何從一個毫無語言的世界，一步一步將言語變成他生命之中不可或缺的一部分。

　　言語的基礎，包括了兩個同等重要的元素：所聽到的言語和所表達出來的語言。

　　對於一個只有十個月大、還不會說話的寶寶而言，什麼才是他真正聽到的言語呢？在這裡我們所指的是，寶寶的大腦感官經由他所聽到的（言語聲音）與他同時所看到的（景象），而組織出來的意識與知覺。

　　我們可以輕易地看出寶寶「聽得懂」一些類似於「不可以」、「吃飯啦」或是「別哭別哭」等簡單的口令。而對於一些包含動作在內的常用片語，例如說「來來來」（招手）、「拜拜」（揮手），寶寶也會做出正確的回應。

　　雖然說寶寶還無法將這些話語正確地說出口來，但是他們確實是百分之一百心知肚明，聽（懂）得一清二楚。

　　從另外一個方面來看，寶寶所能表達出來的言語，除了各種模糊不分明、屬於十個月大寶寶牙牙學語時的發聲練習

玩具會傷人！

在工業發達的現代社會中，全世界氾濫著十五萬種不同的玩具，並且每年還會有大約五千種的新玩具加入市場。除此而外，製造玩具的材質從過去的紙張、木材、布料，快速發展成目前包括塑料、玻璃、壓克力、保麗龍等數十種的合成原料。因此，如何為寶寶選擇一項「安全」玩具，往往成為家長們面對琳瑯滿目商品時的一大難題了！

以下是我們提供給您參考的一些意見：

· 選擇適合寶寶心智發展的玩具。
· 購買牢固、不易破碎的玩具。
· 避免用玻璃或是薄片塑膠所製成的玩具，以免破裂後割傷寶寶。
· 凡是含有尖角、銳利邊緣的玩具都應避免。
· 小心細小的零件，以免寶寶因誤吞而窒息。
· 儘量避免電動（插電、裝電池）的玩具。
· 注意玩具中油漆的含鉛量。您的寶寶會把所有東西都塞進小嘴中，即使是長期攝入微量的鉛，仍會導致嚴重的鉛中毒。

之外，他的確會刻意地「說」出一些您也許一時間還聽不大懂的「話」來。

在還不會真正說話之前，您的寶寶會運用他所能說出口來的「言語」，配合上手勢、眼神、臉部表情以及身體的姿態等「肢體語言」，共同地傳達心中想要發表的意見。

雖然寶寶還沒有開口說話，但是他生活之中所有的經驗，都已經被納入日後所要展露出來的言語之中。

那麼您的寶寶又該如何從一個完全沒有語言的時空，走進我們的語言世界中呢？直截了當地說，在寶寶日常生活之中照顧他飲食起居、噓寒問暖、成為他心靈依靠的每一位

重要家中成員，都正在爲寶寶搭建一座幫助他跨越鴻溝的橋樑。

　　事實上，從寶寶出生沒有多久開始，他就已經不斷地在爲日後的語言發展打下基礎。在他不算太短的十個月生命之中，寶寶無時不在仔細聆聽四周的聲響，包括每一位家中成員的聲音——對寶寶說話的聲音以及彼此之間對話的聲音。

　　因此，您的言語不但會在無形之中點點滴滴地融入寶寶的生命；寶寶聽您所說過的每一句話，已經，也將會繼續成爲寶寶語言發展的過程中，永遠無法割捨的一部分。這也是爲什麼很多小孩子他們說話時的語氣、用辭，甚至於口音與聲調，和他們生命早期中，與他們最親密的大人說話的方式非常的相似。

　　除此而外，您利用言語表達感情（喜、怒、哀、樂）的方式，也將影響到寶寶日後處理七情六慾的態度。

　　回想一下，您是否曾經不只一次在抱著寶寶或是親吻寶寶的同時，還用一種特別親暱、充滿關愛的聲調，對著寶寶說一些「媽媽的心肝」、「爸爸的寶貝」、「媽媽最喜歡你」……之類的話？您是否也曾經在情緒不好時，對著寶寶破口大罵或是哭訴衷曲呢？

　　別緊張，往事已矣！您現在所最應該注意的是，如何成功地爲寶寶搭建好幫助他進入語言世界的橋樑。

　　最好的方法，就是經常和寶寶玩一些有來有往、有問有答的「對話遊戲」。當寶寶與您對談的時候，他不但需要學會如何專心聆聽他人的言語，同時還會非常「注意」您所發出來的聲音（語音）。

　　當然囉，在寶寶還小、還不會說話的時候，多數的時間

您們應該像是演「雙簧」一般，由您一個人說與唱，由寶寶來表演。也就是說，您可以多多利用言語來鼓勵寶寶正確地使用雙手、移動自己的身體、達到目的、取得想要的東西、操縱和探索新的玩具，甚至於如何去面對整個的大千世界。

您也許會懷疑，演雙簧如何能幫助寶寶學說話呢？別忘了，語言的基礎是建立在日常生活中各種不同的經驗之上。要知道，當您對著寶寶說說唱唱的時候，您並不是在唱獨角戲，您其實是在幫助寶寶將生活經驗中的一舉一動「言語化」。在您日積月累反覆的「獨白」之後，寶寶將會開始真正地與您「對話」，而逐漸將雙簧改編成一齣「相聲」。

等到（不久之後）那個時候，您在寶寶身上所花下的功夫，都將從寶寶流利、豐富的言語之中反應出來。親愛的家長們，當您說得口乾舌燥的時候，千萬別放棄。為了寶寶語言的成功發展，休息一會兒、喝杯水、喘口氣，再接再厲吧！

教育與懲罰

您眼前這個十個月大的寶寶，是一個超載能量的生命體。他精力旺盛，整天在家風馳電掣般橫衝直撞，什麼都要管、什麼都要摸一摸、什麼都要看一看、什麼都要聽一聽，恨不得在一瞬間就像海綿一樣，吸取這世界上所有的知識與精華。

回想不過是十個月之前，您從醫院抱回來的那個裹在層層襁褓之中、整天除了吃、喝、拉、撒、睡之外就只會哭的無助小生命，和現在這個除了睡覺之外，一秒鐘也停不住的

寶寶相比較，您的寶寶在成長與發育各方面的進展，實在不是「突飛猛進」這四個字所能形容得了的！

十個月之前，您可以把寶寶隨（您的）心所欲地「放在」一個地方，但是現在的寶寶卻喜歡自由自在、無拘無束、隨（他的）心所欲的生活。光就這一點來看，您的寶寶已經逐漸發展成為一個不僅獨立，而且是自主的個體了。

所謂的隨（他的）心所欲，就是寶寶會在他好奇心和冒險精神的領導之下，享受一種「七海遊俠」似的生活。在這個當兒，做家長的通常都會考慮的一個共同問題是：「如何才能讓寶寶明白，在這個五彩繽紛的世界中，雖然到處都是新鮮、有趣的事物，但是同時也包含了許多危險的情況，可能會讓他受到傷害？」

換言之，在寶寶卯足勁兒忙著吸收與學習的時刻，有些事情與經驗是您所認可、也希望他去嘗試與擁有的。然而，同時也有些事，是您想阻止、對他說「不可以」的。您的這種想法，事實上正是您開始想要「管教」寶寶的第一步。

所謂「養子不教父之過」，所有的父母都希望他們的子女能守規矩、懂禮貌、有教養地成為人見人誇的下一代。然而「管教」卻有太多種不同的方式，對於下一代而言，有些有效、有些無效；有些有益、有些有害。

以下我們就將「管教」這兩個字，剖析成帶有正面意義的「教育」，以及容易造成負面影響的「懲罰與管束」兩個部分，來為您深入探討現代父母所應建立的「教子之方」。

正面的教育

1.教導：傳遞您的經驗與知識，減少孩子從錯誤之中學習

所必須付出的痛苦與代價。我們認爲這是一種最健康、
最積極，也最爲有效的管教方式。

2. 培育：矯正、塑造、加強以及力求完美。當純粹的教導
沒有辦法達到您所預期的結果時，請您好好的想一想，
管教孩子最終的目的是什麼？如果您的答案是爲了要幫
助寶寶好好的成長（而不是爲了發洩您自己的情緒，或
是怕寶寶闖禍爲您添麻煩……等其他的理由），那麼我
們認爲「培育」會是補「教導」之不足的最好方法。

負面的懲罰與管束

1. 懲戒與體罰：一般人在管教子女的時候，或多或少都會
使用某種形式的處罰——打、罵、罰站……等，不是
嗎？古有名訓：「玉不琢不成器」、「棒頭出孝子」，
您的心中必然也還存有這一類不打不成器的想法。大多
數現代父母們所試著去做的，只是選擇一些他們認爲比
較好的「修理方式」，而避免一些比較容易「爲親朋好
友所詬病」的形式。然而我們建議您，在五十步與百步
之間作選擇之前，不妨多想想管教的正面意義——幫助
寶寶學習、成長與發展。也許當您多想幾遍這些正面的
意義之後，心中對於「懲罰」這兩個字，會產生豁然不
同的想法與感受。

2. 管束：經由強迫的服從與命令所達到的約束效果——
一個非常「聽話」的孩子。這種軍事化的管教方式，的
確可以爲您訓練出一個「唯（您）命是從」的「乖」孩
子，但是仔細想一想，您不但沒有經由教導與培育來滿
足成長中寶寶的求知慾，反而有可能適得其反地遏阻了

他的自由發展。

接著下來，就讓我們從實際生活的例子中，更加深入地來探討正面與負面管教的差別所在。

假設您有一條非常貴重、細緻精巧的寶石項鍊，這條項鍊不但是您的另一半送給您的結婚禮物，而且您還十分的喜歡，因此您每天都貼身戴著它。

想像您十個月大的寶寶睡醒了，一睜眼就被您頸上的項鍊所吸引，然後立刻伸出小手，想要抓住您心愛珍貴的首飾來「玩一玩」，也就是研究探索一番。

您當然不願意小傢伙粗手粗腳、不知輕重地來擺布您的項鍊，這時候的您該怎麼辦才好呢？

也許您會（不自覺地）在寶寶每一次伸手企圖來抓項鍊的時候，打他的小手一下，表示「不可以碰」的意思。久而久之，這種（類似訓練動物）「管教」寶寶的方式，的確可以有效地防止您的項鍊遭到攻擊。寶寶甚至連瞄都不會再瞄一眼您的項鍊。

如果您對於這樣的結果感到十分滿意的話，我們希望您能明白的一點是，寶寶現在雖然很「乖」、很「聽話」，但是他並沒有從這一段因為小手會被打得很痛，而學會不能去碰媽媽項鍊的學習過程中，得到任何正面的經驗。

問題在於一個年僅十個月大的寶寶，實在是無法瞭解到（除了會被打之外）他不能去碰那條項鍊的真正原因！換句話說，缺乏學習（有些東西是會被玩壞的）經驗的寶寶，還沒有能力去接受（去區分），為什麼同樣都是有趣的東西，有些是他可以盡性「玩」個夠的，而有些是他連碰也不能碰

一下的。

　　因此，您花了許多時間不斷地打他小手來禁止他，其實只是懲罰了寶寶與生所俱的好奇心而已。

　　我們建議您，不妨暫時將您的寶石項鍊收起來，改戴一些寶寶可以玩、可以學、可以不小心弄壞了而您也不會心疼的飾物，或者乾脆就什麼都別戴！

　　別忘了，一個十個月大的寶寶，除了擁有極大的好奇心之外，在一般的情況之下，他是他自己的主人──他會持之以恆、堅毅不受影響地完成他想要去做的事（而不是您叫他去做的事）！

　　這股心靈與體能上強大的驅動力，也正是促使寶寶快速邁向每一個成長里程碑的源頭活水。

　　您目前最能夠幫助寶寶學習的方法，就是在他的活動範圍之中，提供他許多可以肆意地玩、研究、試驗與學習的物體。不光是玩具，寶寶也需要從實際生活之中獲取許多經驗。

　　把您認為寶寶不應該接觸的物體移出他的視線範圍，絕對是一種正面而積極的做法。因為如此一來，您不但為孩子建立了一個最佳的學習環境，同時還為自己避免了許多不必要的心痛、緊張與對寶寶發脾氣的機會！

　　也許您會不以為然地覺得，您的目的主要是希望寶寶能夠學會，如何去「尊重」一些您以及其他人所擁有的珍貴物品。如果不從寶寶小的時候就開始「教」起，那麼將來長大了之後，豈不是會「很沒教養地」見了一樣東西，不管可以或是不可以，就抓在手中開始敲打、玩弄一番呢？

　　您別擔心，本書的宗旨絕對不是要讓您盲目地寵壞孩

子，我們只是希望您能耐心地等寶寶長大一點。小孩子總有一天能夠明白是非、懂得對錯，我們也將逐一為您討論，如何正確地引導寶寶辨識「可以」與「不可以」之間的差別。但不是在寶寶剛滿十個月大的時候。

我們衷心地希望，您能在寶寶尚且懵懂的腦海之中，清楚地建立起一道介於「學習」與「不能做的事」之間的分水嶺。也就是說，我們不願意在寶寶「初試啼聲」（開始學習）的當兒，就被「不可以」的這一盆冷水，澆滅或是減弱了他興致勃勃的學習熱忱。

此外，我們也奉勸您不要在寶寶還小、尚且一知半解的年齡，濫用「不可以」這三個字。何不等到寶寶長大一點、稍解人事的時候，再事半功倍地使出這張「不可以」的王牌呢？

以下我們再舉一個極可能發生在您生活之中的例子。

假設您將帶著寶寶去拜訪一位家中布置了許多精美陳設、擺飾與盆景的長輩。您知道這些陳設都是擺在您十個月大寶寶「舉手」就可以抓得到的地方，您也無法期望這位長輩會為了「小客人」的來訪，而將所有的陳設收拾一空。

您該怎麼辦呢？讓我們一同來分析一下您所可能採取的幾種對策：

1. 您可以把寶寶留在家中。這個方法的缺點是，有的時候這是一個完全行不通的方法。
2. 您的雙眼得分秒不停地盯住寶寶，在他每一次試圖抓起一樣擺設的時候，立刻打一下他的小手、反覆地說「不可以」，或是不厭其煩地把他手中的「獵物」放回

原位。我們覺得這種方式對於您和寶寶而言，都是非常辛苦與痛苦的。您原本是愉快地去拜訪一位久違了的長輩，結果很可能弄得像是一隻鬥敗了的公雞一般，敗興而歸。

3.您可以一面抱著寶寶，一面騰出一隻手來拿住廳中的某一件陳設，讓寶寶在您懷中仔細地看個夠。這種方法的優點是，您既可以滿足寶寶的好奇心，又可以防止寶寶弄壞了長輩家中的珍藏。唯一的缺點是，您可能會因為忙於照顧寶寶和許多的擺設，根本無法與主人說上幾句話。

4.您可以自備幾樣寶寶喜歡的玩物。這麼一來，您可以確定的一點是，因為寶寶的心思完全會集中在心愛的玩物之上，當您作客的時候，主人家中的一切不會引起寶寶的注意。我們認為這是四選一中最好的答案，因為您不但正面地「幫助」寶寶，避免陷入一些將會令他丈二金剛摸不著頭緒的窘境，同時還讓他在您作客的時候，擁有一段寶貴的學習（自己心愛玩物）經驗哪！您以為呢？

不論如何，帶著一個十個月大的寶寶出門作客，您都必須要把神經繃得緊緊的看牢小傢伙，以免他闖禍或是受傷。唯一值得安慰的一點是，只要再捱幾個月，當寶寶大到可以好好的教他什麼是可以、什麼是不可以的時候，一切都會完全改觀、漸入佳境的。

談了這麼多，只不過是粗淺地為您建立了現代父母在「管教」子女時，所應有的初步認知。

其實在大多數的時候，您所需要的並不是懂得如何去「管教」寶寶！當寶寶處於一種「危險」（快要闖禍）的緊要關頭時，您只需要一點兒幽默感、一些耐性、幾許慧心與巧思稍微地變通一下，就可以立即化險為夷，將寶寶引向另一個海闊天空的學習境界。

要知道，在寶寶迅速成長的這個階段，沒有什麼「問題」是解決不了、是永遠的。在您眼中，寶寶今天的大毛病，很可能不到明天就已經不存在了。

別忘了隨時反省您的管教，對於寶寶的學習是一種幫助呢？還是一種阻撓？

包尿片的探險家

似乎只是一轉眼之間，您的寶寶已經成為一個行動自由、滿地爬行的小小探險家了！

身為家長的您，除了應該盡快適應與接受寶寶隨時都會在您眼前快速移動（例如突然的出現或是消失）的這個事實之外，是否還能在他的探險旅途之中助他一臂之力呢？

首先，讓我們設身處地來看一看寶寶所要面對的世界——也就是家中每一處他所能爬得到的地方。有空的時候您不妨也學寶寶一樣，在屋子裡爬幾圈試試看。身歷其境的感受如何？

沒錯，在寶寶的眼中，一間中等尺寸的客廳，看起來就好像是一座聳立著許多擎天巨柱（桌子、椅子、家具的腳）的皇宮大廳一般的寬大。

接著下來，請您全力為寶寶「化解」室內一切可能的危

險——包括所有的電線、插座、易碎品、櫥櫃內外的各種藥品、清潔劑……等。這麼一來，如果寶寶打開了一扇櫃子的門，裡面的物品對他都是安全無虞的。

然後我們想跟您討論的，正是本篇標題所點出的事實：您的寶寶現在雖然算得上是一名了不起的探險家，但他終究還只是一個不滿一歲、乳臭未乾的奶娃子！

十個月大的寶寶往往會給人一種感覺，好像他是不斷地被一股無形的、巨大的力量鞭策著、驅使著，而無時無刻不在拚命地學習、吸收經驗與成長。也許寶寶從生下來的那一天起，就知道在他未來一生的歲月之中，有許多他永遠學不完的知識，正等著他一樣一樣地去學。因此，寶寶每天都是迫不及待、分秒不肯浪費地去充實自我。

寶寶現在幾乎對於一切他所看到的、聽到的和所遭遇到的一切，都感到萬分的好奇和有興趣。

這份好奇心是相當難能可貴的，它會引導寶寶勇敢地邁向每一個從未去過的新天地：桌子下面、椅子後面、門的後面、走廊的盡頭……。然而，往往好奇心再加上寶寶初生之犢不畏虎的莽勁，會把寶寶領入一個進退維谷、動彈不得的「死角」（例如牆角、樓梯的邊緣）。這下子怎麼辦呢？

也許您的寶寶還不懂得如何「倒車」，因此他很可能會繼續不斷地試著往前（牆角）爬；寶寶也可能會停在原地（樓梯的邊緣），飽嚐恐懼與不知所措的失落感。到了最後，寶寶實在是忍無可忍的一剎那，他會採取一種最原始、最本能的做法，那就是放聲大哭。

正預備要「英雄救子」的您請小心、請留步！何不讓我們先傳授您一招「寓教於救難」，在解救寶寶的同時還能

（機會教育）為他上一課的好法子，然後再從容上陣呢？

建議您在火速衝到寶寶被卡住的現場時，先別急著把寶寶抱起來！您不妨試著先用您的聲音或是輕拍寶寶的方式，來安撫他焦躁的情緒。

然後您可以溫柔、但是確定地用雙手來幫助寶寶倒退移動他的四肢，讓他能夠「靠自己的力量」脫離險境！最後您當然要不斷地稱讚寶寶的勇氣以及他新學會的「倒著爬」本事。

除了學會「倒車」之外，寶寶還懂得在他身處的環境中，時時有可能發生一些窘況。然而他已經由這個活生生的經驗，產生了一種自信與認知，知道只要他能保持冷靜、動動腦筋，問題就會迎刃而解的。

相反的，如果您在寶寶一開始哭的時候，就衝上前去一把將寶寶抱在懷中，小題大做地安慰受了驚嚇的小心肝，那麼您的寶寶不但不能從這一次的教訓中學到任何經驗，反而有可能因此留下一個害怕牆角、樓梯口，甚至於陌生地方的後遺症呢！

親愛的家長們，該如何對待您家中這一位仍然包著尿片的探險家，請您三思而後行吧！

_____ 提醒您 ！_____

❖不要太早濫用「不可以」這三個字！
❖為寶寶選購玩具時要優先考慮安全性！
❖帶寶寶出門作客時，別忘了帶幾樣他心愛的玩具同行！

迴　響

　　老實說，當我第一眼瞧見《教子有方》的時候，心裡其實是老大不痛快呢！知道為什麼嗎？因為《教子有方》是在我生完老四的時候，友人送我的一份禮物。我這個經驗豐富的媽媽，簡直是被她看扁了嘛！

　　出乎意料的是，當我逐月（幾乎是被迫地）讀完寄來的《教子有方》之後，我居然還是學會了許多過去所不知道的知識！

　　《教子有方》撥雲見日地解答了我多年以來管教孩子時心中的許多疑惑！

　　我想說的是，謝謝您們為父母們準備了如此精緻、又能實際派上用場的好幫手。

　　　　　　　　　　阮筑蒂（美國加州）

第十一個月

🖼 小小學習機

　　十一個月大的寶寶是您家中最活潑的「激進份子」！您或許早就已經感覺得出，當寶寶睡著與醒著時、在家與不在家時，家中氣氛可謂是天壤之別；而您甚至於也可能想不起來，許多在寶寶還沒有出世之前的情景了吧！

　　一般說來，現階段的寶寶是位小小的「完美主義者」。他會在心智與體能各方面已打好的基礎之上，不斷的改進與練習，精益求精、更上一層樓，以達到他自認為完美無缺的地步。

　　您的寶寶現在已經像是一位箇中老手似的，爬得既快又好。您會發覺到寶寶「一天到晚」在地上爬來爬去。有的時候是為了達到某些目的，也有些時候寶寶純粹只是為了好玩，為了要多享受一下移動時的樂趣，而像是「逛街」一般地到處爬行。

　　當寶寶爬累了的時候，他可以（在經過許多練習之後）輕

十一個月大小寶寶喜歡做的事：
- 聽您唱歌、與您共舞。
- 在其他孩子們的附近玩，但並不是一起玩。
- 仔細研究各種玩具與物體。
- 對您或是與他最親近的人，表現出親愛強烈的赤子之情。

為寶寶提供以下的項目：
- 小皮球或是會滾動的玩具。
- 一套大小不同的塑膠碗。
- 許多關於寶寶和這個世界的「詳盡解說」。
- 爬得更好、站得更好、走得更好的發展機會。

而易舉地從爬行改成坐在原地的姿勢。一般說來，十一個月大的寶寶除了可以坐得很穩之外，上半身還可以在坐著的時候，向四面八方各種不同的角度傾倒，而不至於失去平衡。即使是在寶寶一不小心「歪」得太離譜而快要摔倒的那一瞬間，他也能夠機靈地藉著伸展手臂，而迅速地保持住平衡。

值得一提的是，寶寶既然已經能夠在原地安全而又穩當的坐著，那麼這不正是一個可以讓您將寶寶洗澡的時間，變成有趣「澎澎樂」的大好機會嗎？建議您不妨試試看，在下一次寶寶洗澡的時候，為他準備幾樣水中的玩具，以及您好整以暇的心情。您也許會發現到，舉凡浸濕了的小毛巾、潑濺的水花、以及任何一樣會在水上漂浮的物體，都像是充滿魅力一般，深深的吸引著寶寶的注意力。

現在讓我們再回來觀察一下坐著的寶寶！當您的「好奇」寶寶坐膩了或是休息夠了，他有可能會採取的舉動有兩種：從坐姿直接開始繼續他的爬行，或是試著站起來。

當十一個月大的寶寶試著要從坐姿直接站起來的時候，他仍然需要借助一些外力的幫助。寶寶要不是由您扶著站起來，那麼他也許會藉著抓住家具的邊緣，而用勁地將身體「拉直、拉高」成站立的姿勢。當寶寶一旦站了起來，他通常會先用手來扶住家具，然後沿著家具的邊緣，踱著橫步慢慢移動。

大多數的寶寶在差不多十一個月大的時候，已經能夠不靠任何外力的支持而站得很穩了，有些寶寶甚至於已經會自己走路了哪！正是因為如此，您的寶寶每天都會像一個「大忙人」似的，除了不停的到處爬之外，他還要站、要走、要放開雙手練習平衡、要東摸西摸、還要到處抓住一些雙手搆

得到的東西……，以無比旺盛的體能與精力，來充實小生命
多采多姿的每一天。

不過，對於十一個月大的寶寶而言，走路雖然是一種嶄
新且刺激的移動方式，但是在玩耍的時候，他還是比較喜歡
用爬的！

換一個角度來看，寶寶雖然已經能夠把自己拉成直立的
姿勢，並且能在站立的時候維持不錯的平衡，但是他仍然不
是很會將自己的身體，從站姿改變成坐姿。

十一個月大的寶寶最常使用的「坐下」方法，是「雙腿
一軟」，整個身體在原地「塌下來」。這正是為什麼當寶寶
站累了想坐下來休息一會兒的時候，經常會發出砰然跌落的
重擊聲。還好的是，大多數這個年齡的寶寶，都還是整天穿
著厚厚的尿片，不至於跌壞了小屁股！

在雙手的發展以及手眼協調的靈活度方面，您的寶寶會
把一樣玩具在雙手之間、手與口之間交替傳遞，並且會在雙
眼的仔細審查之下，將玩具反覆不斷地往各個不同的方向翻
轉。

有些寶寶在差不多一歲的時候，會開始表現出喜歡使用
某一隻手的傾向。請您不用對於這個現象太過認真，因為這
並不代表寶寶從此就會成為左撇子或是右撇子！事實上，寶
寶要到他繼續交替使用雙手數年之後，才會真正決定日後是
以哪一隻手為主、哪一隻手為輔。而即使是到了那個時候，
也請您尊重他的選擇，不要強迫孩子放棄天生的秉賦。

吃飯或是喝奶的時候，您的寶寶也許會試著用他的小手
來抓住或是扶住湯匙與奶瓶！雖然說寶寶的小手有時候可能
反而會弄巧成拙幫了倒忙，但是請您千萬要耐住性子，不怕

麻煩地儘量多給他一些學習與練習的機會。在寶
寶還不能夠優雅且不出紕漏地使用餐具之前，
您不妨在吃飯的時候，多為他準備一些小手
可以直接抓起來吃的食物。如此一來，一方
面可以減少寶寶在餐桌上利用餐具所製造
出來的混亂，同時還可以讓寶寶感受到一
些成就感——也就是多吃到一些自己送到嘴裡的食物。

　　在日常生活、與人接觸以及社交往來方面，十一個月
大的寶寶已經能夠有模有樣地表現出儼然一副「小大人」
的架式。舉一些簡單的例子來說，當您為寶寶穿衣服的時
候，他會開始與您合作，主動配合您的動作：將手臂穿過
衣袖、將小腳放進鞋子裡、伸長了脖子讓您為他穿上套頭
的衣服……。在其他的方面，寶寶也許會對人揮揮手表示
「嗨」；飛一個吻表示「拜拜」；搖搖頭表示不同意；甚至
於還會抓住門框尖聲抗議，表示不肯離開……。

　　總而言之，十一個月大寶寶每天的任務就是學習、學習
與再學習！在每一次日出與日落之間，您的寶寶都將成長為
一個全新的寶寶。親愛的家長們，當您在忙著扮演好寶寶啓
蒙師的同時，請您也別忘了要好好地捕捉住這一段寶寶迅速
發展的寶貴時光。

嬰兒理則學

　　每一次當寶寶眨著清澈明亮的雙眼，或是當小臉露出一
副天眞無邪的表情時，您可曾想過要進一步去瞭解寶寶的內
心世界？

　　現代父母們或多或少都希望，能將親子關係建立在一種無話不談的友誼基礎上。那麼「知己知彼、百戰百勝」的兵家法則，是否應該盡早運用在您與寶寶之間的情感交流呢？以下，就讓我們來為您剖析十一個月大寶寶的小小心靈，幫助您成為一位不僅是愛他，同時還更懂得他的家長！

　　首先您必須要記得的一點就是，在累積了將近一年的生命經驗之後，寶寶對於這個世界，已經有了許多的認知與屬於他自己的「想法」。

　　從他身處的「硬體環境」來說，寶寶應該已經能夠辨認出許多熟悉的物體。試試看，將寶寶最心愛的奶瓶倒轉一個方向（也就是將奶嘴對著您自己、瓶子對著寶寶）遞給他，看看寶寶的反應如何？您的寶寶是否會毫不考慮地把奶嘴轉成面對著自己（小嘴）的方向？

　　除此之外，寶寶也已經明白物體即使是在他看不見的時候，仍然是完整存在著的事實；以及同樣一件物品放在不同的地方，看起來也會有一些不一樣的道理。因此，不論您現在用什麼東西來阻礙寶寶「看見或是拿到」一樣他心所屬的物品，寶寶都會想盡辦法去移開或是清除眼前的障礙。

　　在抽象意識方面，十一個月大的寶寶會逐漸開始對於「因」與「果」之間的相對關係與互動效應，產生一些懵懂的概念。

　　因果關係，早在人類小嬰兒十一個月大之前，就已經以一種極為原始的形式存在於腦海之中了。

　　最開始的時候，寶寶的小小世界之中只存在著一種「因」——那就是寶寶自己的行為與動作。也就是說，如果寶寶想要「令」某一件東西消失在眼前，他唯一的方法就

是閉上眼睛，或是將視線移開不去看它。而當寶寶想要「使得」某一個人出現在身邊的時候，他的方法除了從小嘴之中發出一些聲音來之外，就是大哭大叫了！

然而，十一個月大的寶寶已經稍微懂得一些「借助外力」的訣竅了。怎麼說呢？您不妨留意一下，當您懷中的寶寶想要離開一個他不願意逗留的地方（例如一個有一隻大狗的房間），他除了閉緊雙眼、轉開小腦袋之外，是不是還會使勁兒地推您、踢您，明白地「示意」您應該儘快將他抱離現場？

經由這一點我們可以知道，十一個月大的寶寶已經逐漸脫離過去所身處的「一人世界」，而慢慢地察覺出身旁許多同類的存在價值了！

除了「人為因素」之外，您的寶寶現在也已經感受到「非人為因素」的重要性。前面我們曾經提到，寶寶會移開擋在他與他想要的東西之間的障礙物。這正顯示出寶寶明白，他之所以看不到或是得不到他想要的東西的「原因」，正是那件他所移開的障礙物！因此我們可以想像得到，在寶寶的心靈之中，這個世界除了從（自我的）「一人」逐漸地變為「多人」之外，還漸漸地轉換成一個「人物俱全」的繽紛世界！

然而，寶寶終究還只是個不滿一歲的新生命，在他的腦海之中仍然存在著許多因為「似懂非懂」、「一知半解」，而看在您的眼中卻顯得十分有趣的邏輯與想法。以下我們就要為您說明，這些專屬於嬰兒的邏輯之中最為耐人尋味的一點。

寶寶雖然已經明白了他自己與「身外之物」之間的截然

不同，但是他對於不同物體之間相互的關係，卻是以一種相當死板而又無法變通的態度來處理。

　　您只需要用一個簡單的實驗來試一試寶寶的反應，就會知道問題的癥結所在了。找一個寶寶心情愉快的時刻，首先，在寶寶的注視之下，用一頂帽子遮住一樣他心愛的玩具，讓寶寶自己將帽子掀掉，找到他的玩具。如此反覆進行個三、五次。

　　接著下來，將另外一樣可以遮住玩具的東西，例如一條毛巾，放在帽子的旁邊，然後在寶寶的「嚴密監視」之下，將玩具藏在毛巾（而不是帽子）的下面。猜猜看，寶寶此時的反應會是如何？

　　您的寶寶多半會在玩具消失於眼前的那一瞬間，立刻採取尋找玩具的行動，然而寶寶卻會到帽子（而不是毛巾）的下面去尋找！

　　您不妨再試一次，相信寶寶仍然會頑固地想到玩具第一次消失的地方，或是他最常看到玩具消失的地方，也就是帽子的下面去，找尋他的玩具。說得明白一點，寶寶心中雖然已經有了「物質不滅」的概念，但是這層概念卻與先入為主的印象，緊緊的結合在一起！

　　請您先別急著在心中「偷笑」寶寶如此「簡單的」大腦。其實，這種「景」與「物」之間強大且難以改變的關聯性，即使在成人的世界之中也是屢見不鮮的。回想一下，您是否也經常會習慣性的，到「老地方」去尋找一件明明不在那兒的失物呢？

　　現在，讓我們來談一談，如何才能寓教於樂地「指點」寶寶心中的「迷津」，讓他擺脫玩具一定是被藏在帽子下面

的想法！

先重新和寶寶玩幾次「帽子蓋玩具」的遊戲。訣竅在於當您挑選第二樣可以遮蓋玩具的東西時，採用另外一頂看來十分相似的帽子來讓寶寶作選擇。這麼一來，寶寶心中先入為主、玩具與第一頂帽子之間的相關性，就會被兩頂帽子之間的雷同處所沖淡，而寶寶也會比較容易將玩具與第二頂帽子聯想在一起。

請您要注意的一點是，兩頂帽子左、右之間的相對位置應該要經常調換，以免寶寶又會「傻呼呼」地認為：玩具一定是藏在左邊（或是右邊）的那一頂帽子下面。

漸漸的，寶寶會放棄先入為主的印象，開始接受雙眼傳達回大腦的訊息，您也就可以試著用兩件比較不相似的物體，來和寶寶玩「猜一猜玩具藏在哪兒？」的遊戲。

接著下來，我們要為您介紹另外一個可以增強寶寶對於因果關係認知的遊戲。

首先，將一樣寶寶想要的玩具，放在他面前看得到但是拿不到的地方。然後將一條緞帶（或是布條）的一端繫住玩具，另外一端放在寶寶面前小手拿得到的地方，看看寶寶會不會去拉扯那一條緞帶，而取得他想要的玩具？當然囉，您應該要確定的一點是，恰當地抓住寶寶的身體，以免他「捨近求遠」直接往玩具所在之處爬了過去。

在這個看似簡單的遊戲中，寶寶不僅必須先懂得玩具與緞帶之間巧妙的關聯，更需要看得出來，這一條緞帶在他取得玩具的過程之中所扮演的角色。

事實上，寶寶可以經由這個遊戲，同時學會兩層互相銜接的因果關係：他的小手「牽引」緞帶，緞帶「移動」玩具

靠近他自己。

　　如果您的寶寶一時之間還不會主動去拉那一條緞帶，那麼您不妨先耐心地做幾次給他看。等到這其中的前因後果在寶寶的腦海之中紮下了根，他自然就懂得了這層「奧妙」，並且會去拉緞帶來取得玩具了。

　　以上我們為您介紹的這些遊戲，不僅能促進寶寶理解與思維方面的領悟力，同時還能幫助寶寶，早日以一種更加合乎邏輯的方式，來看待並且融入這個有趣的世界！假如您的寶寶一時之間還無法玩得很好，別氣餒，您可以在接著下來的幾個月之內多練習幾次。寶寶絕對不會令您失望的。

做個耐心的聽眾

　　在過去的幾個月之中，我們總是用「牙牙學語聲」這個名詞，來形容從寶寶小嘴中所發出來尚未成熟的語音。而現在，您十一個月大的寶寶，終於到達正式開口說話的「起跑點」了！

　　在此之前，我們已經給了寶寶許多重要的語言經驗。例如人們在寶寶周圍說話的聲音，以及親人們對著寶寶所說的許多話語，都為寶寶的語言發展奠定了紮實的基礎。好學不倦的寶寶也早已藉著他手、眼、口的探索，為他語言發展的起跑，做好了充分的暖身運動。您的寶寶大約會在最近這兩、三個月之內「真真正正」地開口說話。

　　從寶寶出生到現在所累積的豐富經驗，日後都將成為他不虞匱乏的充沛話題。

　　現在，就讓我們一起來分析與整理一下，十一個月大的

寶寶到底已經具備了哪些與人溝通的能力？

1. 寶寶不僅知道自己的名字，而且還會在聽到有人說出他名字的時候，做出「我聽到了！」的反應。
2. 十一個月大的寶寶，其實已經能夠「聽得懂」許多大人對他所說的話，以及發生在他身旁的談話。
3. 在他小小的腦海中，寶寶擁有一座相當龐大的「語音資料庫」。當寶寶有模有樣、一板一眼進行著他「會話課程」之中的發聲練習時，聽起來已經很接近我們口語之中各種抑、揚、頓、挫的聲調了。有的時候，您甚至於還可以在寶寶所發出一長串的語音之中，聽到一、兩個清晰而且標準的單字或片語。
4. 寶寶喜歡模仿許多有趣的「口技」。例如大人生病時咳嗽、酒足飯飽後咂咂嘴唇、吹口哨、生氣時丹田所發出的憤怒聲音……這些都是寶寶樂此不疲的學習對象。

滿心期待要聽寶寶喊一聲「媽媽」或是「爸爸」的家長們，請您千萬不要在守候多時之後，對寶寶感到失望與氣餒。

大多數十一個月大的寶寶，即使已經開口說話了，也不會說得很多或是很標準。原因在於，在寶寶說話的過程之中，他會自動「省略」或是「取代」許多唇舌尚且無法說得正確的字句。

譬如說，寶寶也許會把「橘子」說成「靜子」；用「高」這一個字，來代表「請你把我抱高一點」的心意；或者是乾脆用「嗚……嗚……」的聲音來表示「救火車」。

　　您可曾注意過，當您說話的時候，口腔之中瞬息萬變的「發聲位置」？在您的口腔之中，至少有數十條位於嘴唇、舌頭以及喉嚨深處的肌肉，必須在同一個時間共同完成一個明確的「姿勢」，方才能使由聲帶所發出來的「原音」，在通過口腔之後，轉變為標準的「語音」。

　　因此，對於您正在學說話的寶寶而言，在語音的「製造」過程之中，除了牽涉到許多複雜與精密的「動作」之外，同時還需要經過無數的演練，方能熟能生巧地達到咬字與發音都字正腔圓的地步。

　　寶寶還需要兩到三年的時間來學習與練習「會話」。也就是說，一般孩子要到差不多三歲的時候，才能讓人很輕易就聽得清楚和聽得懂他們所說的話。

　　因此，在您的寶寶三歲之前，請您多給寶寶一些信心，多給您自己一些耐心，那麼您也許就能多聽得懂一些寶寶所說的話，同時也能多瞭解一些寶寶的想法！

您說，寶寶做

　　除了努力學習走路與說話之外，您還可以幫助十一個月大的「小小學習機」，充實一些心靈與智慧方面的「本事」。

　　以下我們為您所介紹的就是，一些能夠教導寶寶辨認物體、記住各種物體的名稱、依照指示做事、延長寶寶專心聆聽的時間……等簡單的遊戲。希望您能在教導寶寶的同時，還享受一些親子同樂的美好時光。

積木和水桶

先在寶寶的面前放一個小水桶和一小塊積木，然後請您對著寶寶說：「把積木放進水桶裡面去。」

如果您的寶寶看起來像是一副沒有聽懂的樣子，您不妨再說一次同樣的「指令」，只是當您說到「積木」、「水桶」的時候，同時還依序用手指著積木、水桶。假如寶寶還是弄不清楚怎麼一回事的話，那麼您可以試著邊說邊做地示範給寶寶看。等到寶寶漸漸進入狀況，知道要把積木放進水桶中之後，您也可以開始增加這個遊戲的難度。放一堆積木在水桶的旁邊，慢慢地教導寶寶一個一個，或是一次全部地把積木放進桶中。

捏一捏「小娃娃」

在這裡我們所謂的「小娃娃」，指的是任何一種一捏就會發出聲音的小玩具。先把「小娃娃」放在寶寶面前，輕輕地捏一捏「小娃娃」，然後叫您的寶寶也去捏一捏「小娃娃」。

和前一個遊戲一樣，在寶寶還不會玩之前，您可以重複幾遍以上的動作。您也可以一邊捏一下「小娃娃」一邊告訴寶寶：「我現在正在捏小娃娃。」然後再讓寶寶依樣畫葫蘆地試一試。

媽媽的好幫手！

在這一個遊戲之中，凡是家中寶寶可以安全接觸的物品（例如玩具、衣服或是其他日常用品），您都可以使用。

先在一張桌子上放兩、三樣不同的物品，然後對寶寶說：「請你幫我把鑰匙（也就是其中的一樣）拿過來。」如果寶寶為您取回了正確的物品，請立即為寶寶歡呼喝采，擁抱慶賀一番。而如果寶寶還沒有辦法完成您所指派的任務，您也不必著急，不妨先試著減少桌面物品的數目，從兩樣、甚至於一樣物品開始，讓寶寶慢慢地練習。

一旦寶寶進入狀況，您將可以舉一反三地變化與翻新這個遊戲的花樣與難度。比方說，下一次您可以和寶寶在一張大床上或是空曠的地板上進行這個活動。您也可以每天更換物體的種類以及增加物體的數目。您還可以要求寶寶一次為您取回兩樣物品……。

總之，您將會發現到，這不僅是一個幫助寶寶認識物體名稱的活動，寶寶也會樂此不疲地不斷要求您和他玩這個遊戲。因為，所有的寶寶對於他是「媽媽的小幫手」這個新角色，都會感到萬分的驕傲與自豪呢！

左手還是右手？

把一樣手掌可以包藏得住的小東西（例如瓶蓋、筆套、一顆葡萄……），在左右手之間反覆地傳遞。幾次之後，很快地握緊兩個拳頭，然後讓寶寶猜一猜東西是藏在左手還是右手的拳頭之中。

寶寶如果猜錯了，先讓他看一看您攤開來沒有東西的

手掌心，然後再問寶寶：「東西在哪兒啊？」如果寶寶猜對了，千萬記得每一次都要好好地獎勵他一番。

經由這個人人都會玩的遊戲，您不僅可以增強寶寶對於「物質不滅定理」的概念，同時還可以訓練寶寶敏銳的觀察力，並培養他集中注意、不分心的能力。

翅膀夠硬了嗎？

「遠走高飛」這四個字，對於父母而言，代表著無奈、恐懼和極為不願意面對的事實。然而，許多成功的父母所能及早認清的一點就是，「子女是父母生命的延續，子女不可能永遠依靠父母」。

因此，您的孩子在屬於他的「明日世界」中所能擁有最寶貴的財富，除了聰明才智之外，就是一對強壯的翅膀、獨立自主的個性，以及堅定與果敢的決心。

雖然說寶寶只有十一個月大，但是如果您願意「為了寶寶的將來」，而從現在就開始考慮如何來「割斷」那一條在無形之中，牽連著您和寶寶的「感情臍帶」的話，似乎也不算是太早。

沒錯，您的寶寶雖然從外表看來已經是一個獨立的個體了，但是在內心的情感世界之中，他仍舊是一個窩在媽媽子宮裡的小「胚胎」。從一個離不開媽媽的小嬰兒，成長到能夠獨當一面、承擔天下的巨人，您的寶寶必須經歷與面對許多不同的成長階段。

在寶寶漫長的獨立過程之中，身為家長的您必須要做好的最重要工作是，幫助他、扶持他、輔佐他和鼓勵他，而不

是牽絆他、阻礙他！

　　您必須從現在開始，就下定決心幫助寶寶成為一個獨立的個體。此外，您還要不斷地為自己做好心理建設。即使您有再多的不願意與不捨得，都要強迫自己心口、言行一致地，早日開始為寶寶做一些幫助他「獨自上路」的工作！

　　您也許會問，對於一個才十一個月大、生活起居都還不能自己料理的寶寶而言，該如何著手才算「人道」與合理地培養他的獨立呢？

　　答案其實很簡單，請您細心地推敲一番，所謂「獨立」的真正意義，不就是「自己的事情自己做」嗎？

　　因此，您可以從現在開始，讓您十一個月大的寶寶自己為自己做一些事情。雖然說在您的眼中，寶寶看起來仍然是那麼的幼小、那麼的無助，但是我們建議您，在寶寶能力所及的合理範圍之內，不妨放手讓他自己去試一試、闖一闖！

　　有一個幫助寶寶的好方法，就是請您睜一隻眼、閉一隻眼地讓寶寶在學習獨立的奮鬥過程之中，「累一點」、「辛苦一點」。

　　舉一個最簡單的例子，當您的寶寶想要玩一個放在屋角的小皮球時，身在一旁的您應該要如何自處才好呢？

　　對於大多數的父母而言，當他們清清楚楚地看出來他們幼小寶寶的心意，而又發現寶寶試著要去拿到那個皮球的舉動，是相當「吃力」和「無效」的時候，都會不由自主地「順手」就幫寶寶把皮球拿到面前來。您是否也是屬於這一類的家長呢？

　　如果是的話，請您千萬要及時克制住這種直覺上想要「幫助」寶寶的衝動和反射動作。我們認為，您的寶寶應該

要自己想辦法去把小皮球弄到手。因為在寶寶努力一寸一寸地接近皮球的同時，在他通往獨立的成長道路上，將又向前邁進一大步！

反過來說，如果您為寶寶拿到他所想要的皮球，對於不費吹灰之力就達到目的的寶寶而言，您的所作所為，等於是剝奪了他感受「挫折」與學習奮鬥的寶貴機會。對於一個從來不曾「辛苦掙扎」過的孩子而言，他將永遠都不會懂得，如何去為他自己取得那個他所想要的小皮球。

要知道，「不勞而獲」永遠是與「獨立自主」背道而馳的。因此，一個還不懂得，去為自己爭取、不懂得為自己做事的孩子，是沒有辦法學習獨立的。

不論是在目前還是在往後的日子裡，很多的時候，您的寶寶都會試著去為他自己做一些事情。譬如說寶寶會想要去拿一件他在原地搆不到的東西、會想要去某一個有趣的地方，甚至於有的時候，寶寶會想要自己吃東西。身為一位「旁觀者」的您，既不應該將寶寶當作是一個無助又可憐的小嬰孩，更不必介意他人批評您是一位不盡責的家長。

每一次當寶寶試著去達成某些「心願」的時候，他在這個世界就有了一個奮鬥的目標；當每一滴辛苦的汗水從寶寶眉梢滴落的時候，他就長大、獨立了一些。

要知道，您的「介入」不但會中止寶寶的動機與努力，更會負面地影響到他的成長與學習。我們建議您，與其做一個對於寶寶而言是「礙手礙腳」的家長，您不如將雙手背在身後，「冷眼旁觀」寶寶的努力，並且將您對寶寶的關心與疼愛，全部轉化為事後的嘉許與鼓勵。不論寶寶成功與否，您的讚許將會讓他覺得一切的辛勞與努力都是值得的。

在寶寶未來的一生之中，有一樣您能贈予寶寶、讓他終身都受用不盡的「禮物」，那就是「造就他成為他自己的主人」。

當然囉，您現在還是會需要為寶寶完成許多他沒有辦法做到的事。但是，何不在可能的範圍之內，讓寶寶早日領會到獨立自主的滋味，讓他多為自己做些事呢？

潘朵拉的寶盒

在古希臘羅馬神話中，潘朵拉是一位因為忍不住極端的好奇心，而偷偷打開神秘寶盒的人間女子。身為父母的您，同樣也能為十一個月大、充滿好奇心的寶寶，準備一個令他忍不住想要窺探一番的「寶盒」。

您可以從一個乾淨的硬紙盒子開始著手。建議您，對於十一個月大的寶寶而言，紙盒的高度（也就是深度），最好是當寶寶坐著或是跪著的時候，他的雙手恰好可以從開口伸進盒子裡去。一般說來，這個高度應該不會超過四十公分。為了避免寶寶在玩耍的時候，靠在紙盒的邊緣而翻倒，您可以先在盒子裡墊幾本雜誌或是幾條舊毛巾。

當一切準備就緒之後，您可以在盒子裡放兩、三樣寶寶喜歡的玩具，以及一、兩件寶寶過去從來沒有接觸過的物品或是玩具。然後，請您不動聲色地把這個「寶盒」放在寶寶日常活動的屋內角落。

當寶寶進到這一間屋子的時候，您不妨若無其事地觀察寶寶。用不了多久的時間，寶寶就會發現這間屋子與往常的不同。不同的地方，自然就是「突然間」多出來的那個盒

子。這個新發現，會立即勾起寶寶強烈的好奇心，而促使他「快馬加鞭」地來到盒子的旁邊。不但如此，寶寶還會追根究底的想要弄清楚盒子裡面所裝的東西。

十一個月大的寶寶，可能會先趴在盒子的邊緣探頭探腦，然後他多半會伸手進去撈盒子裡的東西。

如果您爲寶寶所準備的盒子高度，剛好是他可以看清楚內容物，但又必須在他完全伸直了手臂之後才能拿得到裡面的玩具，那麼這個「寶盒」對於寶寶而言就更加的精采、刺激和充滿挑戰了。

往後，這個「寶盒」將成爲專屬於寶寶一人的趣味泉源，一個在他小小的世界之中如魔術般容納著新玩具的神奇境界。您可以從現在開始，每當爲寶寶添置新玩具的時候，就把新玩具放進「寶盒」之中，讓寶寶自己去發現。

您也應該要經常變換「寶盒」中的物件種類，以維持寶寶的新鮮感與好奇心。但是，盒子裡面一次最好不要有太多的物品，以免造成寶寶「貪多嚼不爛」的反效果。如果您一次只讓寶寶接觸到少數（一、兩樣）的新玩具，不僅可以避免寶寶面對許多樣玩具不知如何取捨的窘況，還能增加寶寶對於每一樣玩具的注意力，延長寶寶專心的時間，促使寶寶充分瞭解每一樣物品的特色與性質。

久而久之，您的寶寶會養成到「寶盒」中去尋找「新知識」的習慣。

到了那個時候，您可以趁著寶寶不注意的當兒，悄悄地變動一下「寶盒」所在的位置，試試看寶寶是否仍然會去「老地方」尋找他的「寶盒」？您也可以試著更換「寶盒」的外觀，包上一層新的包裝紙，或是乾脆換一個盒子，看看

寶寶的反應會是如何。

　　讀到此，您是否已經明白我們為寶寶設計這個活動的用意？沒錯，正是希望藉此激發與利用寶寶與生所俱的好奇心！

　　好奇心與求知慾永遠是密不可分的。在寶寶日後成長與求學的過程之中，唯有一顆永遠年輕的好奇心，才能夠時時驅動潛在的求知慾，也才能使您的寶寶經常保有一股強烈的動機，讓他自動自發地做到「好學不倦」的地步。

　　寶寶的「寶盒」除了能將他的好奇心激發到最高點之外，還兼有正面褒獎寶寶好奇心，和鼓勵寶寶繼續不斷好奇下去的作用。您是否也同意我們的看法，願意您的孩子擁有一顆永不衰退的好奇心呢？

您的寶寶超前進度了嗎？

　　根據筆者們的經驗，我們知道「標準寶寶」在某一個年齡所能做到的某一些事情，有些寶寶早在一、兩個月之前就已經能夠做到了。正因如此，許多家長們養成超前寶寶的年齡閱讀本書的習慣，以期能早一步知道寶寶的發展方向。

　　無可否認的，沒有任何人能比身為家長的您更加瞭解您的寶寶，也沒有任何人比您更有資格來決定寶寶的成長方式。然而我們卻希望能提供一些比較客觀、中肯以及學術方面的意見，作為您教養子女的參考。

　　我們曾經數度說明，「標準寶寶」象徵一個「平均值」，是一個在真實生活中，不太可能百分之一百完全吻合的「樣品寶寶」。

就像我們說：某一所學校的學生，每天到校的時間「平均是早上七點四十二分零九秒」、吃飯時間「平均是⋯⋯」、午睡時間「平均是⋯⋯」、放學離校的時間「平均是⋯⋯」等等。事實上，沒有任何一位「標準學生」，能夠分秒不差地完全符合所有的平均值。

寶寶的生長與發育有時快、有時慢，並不會固定在某一個速度。就好像寶寶的身高有時會突然增加許多，但是有的時候，卻又是絲毫不長進。因此，寶寶很可能這一個月會在某些方面超前本書的

容器真有趣！

隨著雙手與十指的日漸靈活，以及對於物體外形慢慢增加的認知，十一個月大的寶寶現在正處於一種對「開口」、「洞眼」之類的形象特別著迷的階段。

寶寶已經開始懂得，有些物體是有表裡、內外之分的。寶寶的手指頭會伸進所有的縫隙皺摺中去探索與搜尋；他的大腦會將視覺與觸覺所接收到的訊息，互相比對與印證。

玩耍的時候，您可以表演給寶寶看，如何將玩具一樣一樣地「空投」進一個皮鞋盒裡，然後再一樣一樣地拿出來。寶寶會非常喜歡這個遊戲！漸漸的，您可以讓寶寶一起參與這個活動。先讓寶寶把玩具從鞋盒中取出放在地板上，接著您可以耐心地教寶寶，如何先把玩具從地上撿起來，然後再高高舉起，空投到鞋盒中去。

比較難一點的玩法，是讓寶寶將一隻小湯匙空投到一個小杯子裡去。寶寶需要鍛鍊他的「準頭」，才能成功地玩好這個遊戲！

您的寶寶現在正對容器感到興趣，垂直落體對他而言更是非常的有趣。空投物體「進洞」，是一項富於挑戰的全新技巧，再加上您從旁的鼓勵，寶寶將會樂此不疲地沈浸在他的容器天地中，享受一段寶貴而又有趣的成長歲月。

「標準寶寶」，而在其他的方面落後進度，但是等到下一個月，寶寶在各方面的表現與「標準寶寶」的相對差別，卻可能完全顛倒過來。

正是因為如此，我們認為家長們最重要的工作，是不斷鼓勵寶寶，在所有的成長科目上都能與「標準寶寶」齊頭並進，而不是只有在某一些方面，讓他遠遠的超前「標準寶寶」。

我們深信在生命早期的發展過程中，時間是一種寶貴的經驗。如果一個寶寶在某一個方面「衝得太快」的話，他將會犧牲許多在正常情形之中，必須要花時間才能夠體會得到的寶貴經驗。而所有的後遺症，也都將會在孩子上學之後，鉅細靡遺地顯露出來。

我們輔導過許多學齡孩童的案件。最常見的情形就是，孩子本身非常的聰明，智商也很高，但是偏偏對於最尋常的讀書、寫字與算術，發生了嚴重的學習障礙。對於這些並非智障也非智弱的孩子們而言，他們的問題正是出在幼年的成長過程中，許多非常重要的學前經驗要不是沒有在恰當的時機發生，就是根本沒有發生過！

而所謂「重要的學前經驗」，正是我們在每個月為您依序所指出，寶寶在心智、認知、情感、個性、體能以及社交方面各種不同的發展經驗。

因為我們曾經幫助過許多類似的問題個案，使得我們不由得想到，如果這些父母在他們孩子小的時候，就能擁有一些這方面的概念，那麼許多的問題、孩子的痛苦、家長們事後的悔恨，就根本不會發生了。

我們相信，在一個孩子成長的過程之中，如果能在最恰

當的時機，取得一切必須的經驗，那麼日後的學習與發展，就不會發生重重的障礙了！

別忘了，十一個月大的寶寶，在這個多彩多姿的世界上仍然是一個新鮮人。而寶寶在過去十一個月短短的時光中，所累積的知識和經驗，與他未來所將面對如瀚海一般的學問相較，不是比一粒粟米還要渺小嗎？

雖然說「萬丈高樓平地起」，但是您的寶寶現在最需要的，並不是如何拚命將鷹架往上搭高，而是努力吸取寬廣又博大的經驗，為他日後所要興建的知識宮殿，打下一個一生穩固的基礎。

人類的嬰兒需要在不同的年齡吸取不同的經驗。我們擔心那些在某一些方面、某一個階段，發展超前於「標準寶寶」的孩子父母們，他們可能會在提早讀完本書之後，不自覺地希望從他們的寶寶身上，找到比較成熟的寶寶的影子，從而不斷加快寶寶的發展速度，縮短了寶寶成長的時間。

每一種經驗都需要用時間去換取，而每一個生命的成長與苗壯，除了充足的陽光與水分之外，也需要時間的孕育。十一個月大的寶寶一樣也需要時間。也許您的寶寶能提早完成一些同年齡的嬰孩還無法辦到的「壯舉」，然而唯有時間與經驗，才能使寶寶有機會精益求精，讓他的這項「壯舉」達到登峰造極的地步！

親愛的家長們，請您想一想，張三在花徑之中疾行狂奔很快的摘到一百朵鮮花，李四一邊賞花一邊慢慢採花，用了比較長的時間，同樣也採到了一百朵花。他們二人，是誰會對於籃中的鮮花有較深入的瞭解與認識？也許當您有了答案

之後，就會打消提早閱讀本書的念頭！您同意我們的看法，而能根據寶寶的年齡逐月閱讀本書嗎？

　　　　　　　　　　　　提醒您 !

❖讓寶寶為他自己做一些事！
❖寶寶的「寶盒」準備好了嗎？
❖多和寶寶玩一些「您說、寶寶做」的遊戲！

迴　響

　　自從我在五年前生完大兒子訂閱了《教子有方》以來，我一直是一個非常忠實的讀者。

　　《教子有方》陪伴我們度過了許多晨昏。這麼多年來，您們所提供的種種活動與遊戲，早就為我的大兒子培養了一種「學習就是遊戲」的人生觀。

　　最近，我為剛出生的老二重讀《教子有方》。萬萬沒有想到的是，《教子有方》精闢雋永的內容，不但沒有讓我在讀第二遍的時候覺得多餘，反而令我更能體會出其中許多的道理與深意。

　　《教子有方》真是一份珍貴、但是不貴的好刊物。相信我的老二，一定也會十分喜歡《教子有方》為他所準備的各種活動！

　　　　　　　　　　　黃國麗（美國德州）

第十二個月

小壽星

　　寶寶的周歲生日是一個值得慶賀的日子，它代表著寶寶和您已經成功地通過了生命第一個階段的考驗。在經歷了整整一年勞心勞力、呵護看顧的日子以來，您是否對於這個成就感到無比的欣慰呢？

　　對於寶寶而言，除了吹滅人生第一支生日蠟燭時的欣喜與興奮之外，一歲生日還象徵著寶寶成長與發展過程中，一個極為重要的里程碑。因此，這似乎也正是一個能夠讓家長們審查與檢討，寶寶在身體、心智各方面進度的大好時機。

　　我們首先要藉著討論「一歲大的標準寶寶」的各項「成就」，來作為您評估寶寶的準繩。

　　還記得我們曾經多次為您解說有關於「標準寶寶」的定義嗎？一般說來，每一個小生命在成長的過程之中，都有某些方面的速度會領先同年齡的孩子。而同一個寶寶，也會有某些方面的發展，要比大多數的孩子們來得緩慢。

　　因此，為瞭解說上的方便，我們採取了寶寶在每一個年

十二個月大的小寶寶喜歡做的事：
‧把容器的蓋子蓋上，然後再打開。
‧爬高，但是高度不超過十五公分。
‧鍛鍊新的行為能力。
為寶寶提供以下的項目：
‧他所追求與渴望的溫情。
‧讚美他的每一項成就。
‧以愛為出發點的諄諄教誨。
‧可以玩、可以研究的物品，例如布做的小書、鍋碗瓢盆，以及可以拖著跑的玩具……等。

齡、每一個發展項目上的「平均值」，然後再將這些平均值全部歸納在一個永遠不可能出現在現實生活中的假想寶寶身上，造就成一個「平均值寶寶」──也就是我們所謂的「標準寶寶」。

親愛的家長們，當您將您的寶寶與我們的「標準寶寶」兩相比較時，請您千萬不要因為您的寶寶在某些方面還沒有達到「平均值」，就惶惶不安地認定寶寶在這些方面的發展，將永遠跟不上其他的孩子。

同樣的，您的寶寶雖然也會有某些方面的進展，總是領先「標準寶寶」，但這也並不意味著您的孩子就是這些方面的天才！

要知道，發展速度的快慢並不代表日後成就的高低。「標準寶寶」的目的與功能，在於提供一個可供參考的指標，讓您對於寶寶各方面發育的進展與速度，有一個比較全盤而且清楚的瞭解，同時也幫助您在檢討與修正寶寶未來的成長方式時，有一個比較客觀與公正的借鏡。

姿勢與肢體的動作

滿周歲的「標準寶寶」是一位不折不扣小小的大忙人。您的寶寶很可能經常從早到晚、分秒必爭的忙個不停。除了他的動作可以非常迅速之外，寶寶的各種活動方式更是五花八門、琳瑯滿目。

您的寶寶可以將肚皮貼在地面上（像壁虎似地）挪動自己；可以撐直起雙臂（像小動物一般）昂首闊步地在地上爬行；甚至於當寶寶坐著的時候，他還會利用雙手（拖著他的小屁股）敏捷地四處移動呢！

一歲大的寶寶，不但能夠駕輕就熟地扶著家具讓自己站起來，還會踱著橫步、繞著家具的四周，自得其樂地行走。

只要有人扶住寶寶的小手（不論是單手還是雙手），他都會高興地踏著大步、努力向前走。不僅如此，寶寶還會主動伸出他的小手，向每一個有可能伸出援手、幫助他往前走的人提出要求。

一歲大的寶寶最明顯的特色就是，他擁有獨立自主、自由活動的能力。

許多一歲大的寶寶，已經可以在不依靠任何外力的幫助之下，自己在原地站立片刻的工夫；也有一些寶寶，在差不多一歲大的時候已經會自己走路了。您的寶寶是屬於哪一類呢？

一般說來，身形比較瘦長、個性比較活潑的嬰孩，會比結實且個性沉穩的寶寶，要提早好幾個月開始走路。

道理其實很簡單，體重比較重的寶寶，他們腳掌骨骼與肌肉的強度、腳踝的結構，在剛滿一歲的時候，仍然沒有辦法承受自己的軀體在走路時，附加在兩隻小腳上的重量。這也就是為什麼體形比較「圓滾」的寶寶，要等到他們再長大一點、骨骼更加強壯一點，才有可能開始走路的原因。

一歲大的「標準寶寶」已經可以在地板上，四平八穩地坐上一段不算短的時間了。不僅如此，寶寶還可以在坐著的時候，將上半身向前或是向側面傾斜，甚至於還能一百八十度地扭轉上半身，反身去拿取位於背後的物體。

當寶寶在「偵察」四周環境的時候，他可以迅速而又靈敏地從趴著的姿勢坐起來，從坐姿開始爬行，扶住家具站起來，又坐回原地，然後再反覆不斷以上的動作。

視力與精密的動作

在一些需要精確動作才能完成的技巧方面，一歲大的「標準寶寶」可以成功又靈活地運用大拇指和食指，以一種類似於鑷子的方式，準確、俐落並且迅速地捏起一些細小的物體。

在寶寶精密準確的手眼合作之下，舉凡一小塊麵包、一小截線頭、一張小紙片以及鈕扣、銅板……等，都會被寶寶「手到擒來」，成為他研究與觀察的對象。

在這裡我們要慎重地提醒您的是，一歲大的寶寶既然會「偵察」、移動與「捕捉獵物」，那麼在您家中桌面和地板上，無意之間掉落的縫衣針、迴紋針、髮夾、碎玻璃……等，以及蜘蛛、蟑螂、螞蟻之類的小昆蟲，就都有可能被寶寶送到小嘴之中去，接受他的研究與探索。

本書建議您要隨時提高警覺，務必眼明手快地在寶寶還來不及的時候，就徹底清除這些有可能傷害到他的危險物體。

一歲大的寶寶也懂得如何去觀察。寶寶已經可以「目不轉睛」地盯住正在滾動中的玩具（例如一個小皮球），到玩具從視線範圍中消失時，寶寶就會開始去尋找這件玩具的下落。

如果有一列上了發條的小火車在地板上行進，即使寶寶此時正在屋子的另外一個角落，他也會伸長了脖子「眺望」火車的移動軌跡。

當您在寶寶的面前，將一件玩具向外拋出或是扔向地面的時候，他會非常好奇、也非常感興趣的想要知道這件玩具

的下場會是如何。

　　寶寶一旦出了家門，他就會興味十足地到處東張西望，研究馬路上川流不息的各種車輛、絡繹不絕的行人，以及種類繁多的「飛禽走獸」等凡是會移動的物體。

　　請您千萬不要將寶寶當成一年以前那個剛剛出生的小嬰兒，而低估了他「眼觀八方」的能力。事實上，一歲大的「標準寶寶」可以輕易就認出位於（至少）六公尺以外他所熟悉的物體（例如父母、電視機、小花貓……等）。

　　不但如此，您的寶寶還會短暫且饒富興味地凝視各種不同的圖案及畫片。寶寶喜歡有人將一本圖畫故事書、畫報或是（充滿了圖片的）雜誌，在他的面前一頁接著一頁不停地翻，而寶寶自己也會熱切地伸出小手，嘗試著去幫忙翻動書頁。

　　除了敏銳的視覺之外，一歲大的「標準寶寶」還擁有一雙靈巧的小手。

　　雖然寶寶在一歲大的時候，會或多或少表現出總是使用左手或是右手的傾向，但是這並不表示寶寶日後就一定會變成「左撇子」或「右撇子」。一般說來，寶寶對於使用雙手的偏好與習慣，還需要一到兩年的時間，才能建立起比較明確與持久的形式。

聽覺與語言能力

　　在表達自己意見的能力方面，一歲大的寶寶已經學會如何利用小手，去「指指點點」心中所想要或是所感興趣的東西。

　　相對來說，寶寶在接受他人的意見以及瞭解語言的能力

方面，也逐漸在發展與進步。

一歲大的「標準寶寶」知道自己叫什麼名字。當有人喊出寶寶名字的時候，他會立即轉身或是扭頭回應那一聲呼喚。

從寶寶日常生活中許多的反應與肢體語言之中，您可以清楚地看得出來，他已經能夠聽得懂許多常用的單字（例如吃、車、球……等）和片語（例如杯子、狗熊、洗澡……等）。

對於一些有關動作的簡單句子，例如「到媽媽這裡來」、「把積木交給爸爸」、「寶寶的襪子呢」、「揮揮手、說拜拜」、「把奶喝完」……等，寶寶不但能聽得懂，而且還能做得很好呢！

您不妨也試一試您的寶寶，看看是否能「說動」他，讓他將一樣熟悉的物體（奶瓶、布娃娃或是湯匙），用他的小手遞給您？

一歲大「標準寶寶」的聽覺是相當敏銳的。健康的聽力，對於一歲大的寶寶而言，是確保他在語言學習的道路上通行無阻的先決條件！

當寶寶獨自一人安靜專注於他的活動之中時，他應該可以聽得到距離他九十到一百二十公分左右、在他的視線範圍之外，翻動報紙或是撕弄紙張的聲音。

一般說來，寶寶在聽到聲音之後的反應，多半會豎起耳朵、伸長脖子，好奇地四處探望聲音的來源。

雖然如此，寶寶一旦發現了製造聲音的原因之後，他會非常篤定的不再受到來自於同一個方向其他的「噪音」所干擾。

　　然而，如果同樣的聲音，緊接著又從另外一個方向傳到寶寶的耳中，那麼他將會再一次引領探望聲音的來源。和先前同樣，寶寶仍然會在找到答案之後，又回到原本專心於其中的活動。

　　在這裡我們想要鄭重地提醒您，如果當您按照以上的方法測驗寶寶的聽覺之後，發現寶寶的聽力或許有些「不一樣」的時候，請您絕對不可忽視您的「直覺」與「懷疑」，應該盡快安排寶寶接受醫師的檢查，以提早確定寶寶在聽覺方面是否有障礙。

玩耍與社交

　　「標準寶寶」在經歷一年的「社交生活」之後，在與人交往、「待人接物」這一方面，可稱得上是頗有一些心得了。

　　寶寶對於他所熟悉的親人和朋友，會隨時隨地將心中早已滿溢的赤子之情毫不保留地表露出來。

　　想必您一定早就已經「領教」過，寶寶如天使般純真無邪的笑容、濃得像化不開的蜜糖一般的「甜言蜜語」，是多麼的能夠打動您的心弦、多麼的令人難以忘懷、又是多麼的勾魂動魄！

　　事實上，一歲大寶寶的感情，經常會強烈得令他每一分、每一秒，都必須要看得到和聽得見他所在乎的親人們。沒錯，剛滿周歲的寶寶的確是挺「黏人」的。有許多的家長們會擔憂這個整天如影隨形跟在身旁的「小跟班」，是不是太害羞、太膽怯和太內向了？

　　其實說穿了，您的寶寶現在只是像任何一個正在戀愛中

的人一般，希望與他心愛的人片刻不離、朝夕相依。

親愛的家長們，請您務必要提醒自己，小心不要曲解了寶寶的美意，而辜負他一片熱忱的赤子之情！

在日常生活起居方面，「標準寶寶」可以咀嚼固體食物，還可以不靠任何外力的幫助，自己用小杯子喝水或是牛奶。

雖然他還不會用湯匙吃飯，但是「標準寶寶」的小手已經能夠將湯匙握得很牢了。

「標準寶寶」對於周遭的環境與物體，也已經有了相當程度的認知與瞭解。因此，寶寶現在不會再動不動就把手上的東西，送到他的小嘴中去探索與研究。再加上寶寶的牙齒也已經長出了不少，您可能會發覺到，他流口水的程度，也不會再像過去這幾個月以來那般的嚴重了！

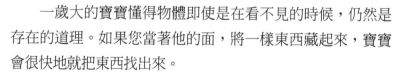

「標準寶寶」可以輕易地學會，如何將積木放進鍋、碗、瓢、盆之類的容器中，他也會把積木拿出來，然後再放回去。寶寶喜歡聽玩具發出來的響聲，他更會主動地去「製造」這些響聲。

一歲大的寶寶懂得物體即使是在看不見的時候，仍然是存在的道理。如果您當著他的面，將一樣東西藏起來，寶寶會很快地就把東西找出來。

總而言之，一歲大的「標準寶寶」是一個逐漸脫離「有形的」襁褓、嘗試著獨立自主，並迅速與人搭起一座座情感上「無形的」橋樑的小生命！

我們恭賀您成功地度過了寶寶生命中關鍵性的第一年，

也祝福您能夠在緊接著而來的歲月裡，幫助寶寶伸展雙臂、勇敢地迎向屬於他的嶄新人生。

敏銳的聽力

　　我們曾經接到過一位家長的來信，其中提到一件發生在她十二個月大寶寶身上的趣事。我們願意「借用」這位母親觀察入微的寶貴經驗，爲您討論一歲大寶寶的聽力。

　　這一位母親告訴我們，她家中的電視機經常是從早到晚開著的。根據信中的描述，她的寶寶在正常節目播放的時間之內，對於電視機的存在總是一副漫不經心、毫不在意的樣子。但是幾乎每當廣告一開始的時候，這個一歲大的寶寶就會立即將他的注意力，全部轉移到電視機上去。

　　來信的母親想要知道，到底電視廣告有些什麼「魅力」，會讓寶寶如此神往、如此感興趣呢？

　　雖然說除了寶寶以外，可能沒有人能百分之一百的猜出他的心意，但是從筆者多年以來的研究與經驗中，我們或多或少可以琢磨出一些寶寶眞正的「想法」。

　　首先，請您想一想看，電視廣告的音量、頻率、聲音的種類和變化、音質的轉換，是不是比一般正常播放的節目要來得「熱鬧」許多？

　　我們認爲，這位「喜歡」廣告的寶寶，是在聽出廣告與一般節目之間的差別之後，才會「好奇」地想要從聲音的來源——電視機之中，找出聲音改變的原因，因而才會在廣告上演的時候，特別注意電視所播放的內容。

　　從學術研究的立場來看，這個一歲大的**寶寶**除了能夠

聽得到聲音（沒有聽力障礙），他已擁有辨別不同聲音的能力。在聽覺發展的成長道路上，這個孩子已經踏入另一個嶄新的境界，那就是具有鑑別能力的聽覺。

具有鑑別能力的聽覺，是寶寶從很小的時候，就開始學習與發展的重要技巧。

所謂具有鑑別能力的聽覺，指的是正確分辨出兩種不同的聲音，以及從許多嘈雜的聲音之中，聽得出自己想要聽的聲音。

如果我們沒有這種聽覺上的識別能力，那麼許多在日常生活當中看似簡單的事，就根本不可能辦得到了！

假設您無法一邊看電視、一邊還能聽到電話鈴響的聲音；您不能一邊聽音樂、一邊和朋友聊天；當您坐在車上聽收音機的時候，就聽不出其他車輛的喇叭聲……，那麼您的生活將會受到多麼嚴重的影響？

對於一個剛剛來到這個世界沒有多久的嬰孩來說，他需要學會去聽五花八門、許多不同種類的聲音。

水流聲、冷氣機的聲音、窗外的車聲、大人談話的聲音、風聲、碗盤碰撞的聲音、貓狗的叫聲以及寶寶自己所發出來的哭聲等，每一種聲音都具有不同的特質，聽起來也應該都是不一樣的。

您的寶寶除了要學會「聽得懂」各種不同的聲音之外，他所要面對最大的挑戰，就是如何將兩種不同聲音之間的差別也能聽得一清二楚。

寶寶的雙耳，要能聽得出汽車聲與摩托車聲的不同、蟲鳴與鳥叫的不同、電視節目與廣告的不同……他才能逐漸在我們的「聲歷聲立體世界」之中自由自在地生活。

學習進度表——十二個月

（請在此表空格處✔或是記下日期，以為寶寶一年來的成長做個總整理。）

心靈與情感

_____ 會在您的要求之下，將他手中的物品遞給您。

_____ 模仿許多雙手的動作（例如拍拍手、會拜拜）及臉上的表情（例如眨眼睛、吐舌頭）。

_____ 穿衣服的時侯，會自動將手臂伸進衣袖中，也會自己把腳踩進鞋子裡。

_____ 輕而易舉、也很快的就能夠把您故意藏起來的東西找出來。

_____ 對家中每一個成員，毫不保留地流露出濃濃的赤子之情。

與人溝通

_____ 知道自己的名字，並且會在聽到有人叫他的時候，轉身或掉頭回應他人的呼喚。

_____ 聽得懂簡單的指令（例如「到媽媽這裡來」、「摸摸頭」、「把奶瓶給爸爸」）。

_____ 學習大人口中所發出來的有趣聲音（例如吹口哨、打噴嚏）。

_____ 會發出許多音韻與節奏分明的「童言童語」。

視力

_____ 可以認出距離他至少六公尺（二十英呎）以外的熟人臉孔。

_____ 專心注視大約三公尺（十英呎）外在地上移動（或是被拖動）的玩具。

精確的舉止

_____ 會將湯匙拿在手中，但是仍然需要一些幫助，才能夠自己用湯匙吃東西。

_____ 把積木之類的玩具，從一個小盒子之中拿出來、再放回去。

_____ 像一把鑷子一般，利用大拇指和食指，捏起一些細小的物體或食物。

_____ 當他心中想要某樣東西的時候，會伸出小手用食指去指那件物品。

_____ 能夠自如地使用左手和右手，但是有的時候也會表現出對某一隻手特別依賴的傾向。

整體的動作

_____ 可以扶住家具拉直上半身站起來，也可以扶著家具自己坐下來。

_____ 雙手不扶任何東西，自己在原地站上幾秒鐘的時間。

_____ 坐得很好。可以隨心所欲，愛坐多久就坐多久。

_____ 像小貓、小狗一般，昂首闊步在地上爬行。

_____ 會自己走路了！

此表僅供參考之用。所有的嬰兒都是按照不同的速度與方向來發展的，而他們在每一項成長課上所花的時間，也是完全不一樣。此表所列出的項目，代表一歲大的嬰兒所有「可能」達到的程度。一般說來，大多數健康而且正常的嬰兒會在某幾個項目中表現得特別超前，但是也會在其他的項目中，進展得比「平均值」稍微緩慢一點。

　　很顯然的，這位家長信中所提到的寶寶，已經擁有某種程度「具有鑑別能力」的聽覺了。親愛的家長們，您的寶寶是否也同樣的能夠聽得出電視節目和廣告之間的差別呢？

靈活的小手

相信您一定也已經發現到了，一歲大寶寶的一雙小手，靈活的程度是多麼的驚人！

還記得嗎？寶寶剛出生不久的時候，他使用雙手的方式，就像是穿了一雙不分手指頭的手套一般，非常的笨拙與遲鈍。漸漸的，寶寶發現了大拇指的存在，以及大拇指的巧妙與功用。

寶寶從八個月大左右的時候開始，就已經能夠一天比一天更加自如地運用他的五隻手指頭了。

而當您一歲大的寶寶伸出他的小手，試著想要去「抓住」某一件物品的時候，他也已經不再只是單純的為了要在手中握住一樣東西，才去「捉拿」這件物品而已。

怎麼說呢？當寶寶手中拿著一件物品的時候，他除了會努力把這件物品牢牢拿好之外，寶寶還會嘗試著用他的手指頭來撫弄、研究這件掌中之物，或是學習大人的拿法，來操作或是使用這件物品（例如筷子、鑰匙、開罐器……等）。

在近距離之內，寶寶可以既優雅又準確的拿到他所想要的東西。但是如果是距離比較遠，寶寶可能會需要傾斜上半身、失去平衡，才能拿得到的東西，他會不顧一切，採取任何一種可能的方式，去「奪取」這樣吸引他注意力的物品。

如果您再仔細一點地研究寶寶使用雙手的方式，您將不難發現到，聰明的一歲大寶寶會先伸長了整隻手臂，用「扒」的方法，把距離他比較遠的東西「扒」近他的身旁。然後寶寶會再利用食指與大拇指，以一種相當準確、類似鑷

子的方式，將這件物體「漂亮地」拿起來。

寶寶一旦「得手」之後，他將會十分徹底地研究他的「獵物」。

寶寶會靈巧地運用手指頭，去摳、捏、扭、揉、戳、敲、摔……他手中的物體，想要看一看這件物品在經過他的小手「實驗」之後，會有些什麼樣的下場。

假如這件「獵物」剛好是一個盒子的話，一歲大的寶寶會想盡一切的方法打開這個盒子，然後再掏出盒子裡面所有的東西來一探究竟。

請您千萬不要低估了寶寶開瓶、開罐的本領。在您家中包括火柴盒、粉盒、藥瓶子、口紅、牙膏、乳液、面霜、指甲油……等所有的容器，幾乎沒有一樣是一歲大寶寶打不開的。

也正因為如此，許多家長們在寶寶差不多一歲大的時候，就會開始經歷到一種「暴風雨來臨前的寧靜」的不安！

這是一種當您在突然之間，聽不到任何來自於寶寶的聲音時，心中所湧起的：「他為什麼如此安靜？」、「一定有事不妙了！」的疑惑與警覺。

當寶寶一言不發、一聲不響，不是在睡覺也不來煩您的時候，多半是有一件十分有趣的東西，正吸引著寶寶的全副注意力。而讓家長們對於這份難得的安靜，感到特別心驚膽跳的原因，正是這件寶寶聚精會神、仔細研究的東西，很可能就是一件他「絕對不可以去碰」的東西！

一歲大的寶寶擁有一雙靈活的雙手、永無止盡的好奇心、旺盛的求知慾，以及不畏艱難「上天下地」的行動能力。因此，寶寶總是有辦法，將他有興趣的東西「弄」到

手。

在清除家中所有可能會傷害寶寶的物品之餘，您也不妨多多告訴您自己，寶寶整天忙個不停會「搞蛋」的小手，正是他迫不及待想要學習、想要吸收知識的最佳工具。

請您放心，寶寶目前雖然只會把東西拿在手上「亂搞」（研究）一番，但是當他懂得了每一件物品所能發揮的不同功能時，寶寶也就能學會如何正確地使用這些物品。

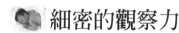 細密的觀察力

一歲大的寶寶，經常會專心且仔細的觀察一件東西。

經由過去這一、兩個月以來，到處爬、到處摸、到處看所累積的經驗與心得，您的寶寶現在已經能夠藉著細密的觀察力，洞析許多世事了。

這種「看了之後就心知肚明」的能力，其實完全要仰賴視覺與大腦之間暢通無阻的溝通。也就是說，凡是由寶寶雙眼所接收到的「訊息」，一定要被傳送到大腦專司視覺的組織，且正確的被接收了之後，寶寶才算是真正的看見了（而不是有「看」沒有「到」）。

曾經有學者專家們利用一枝塑膠做的冰棒，來比較不同年齡的嬰兒「用眼睛去看」與「用心去看」的能力。

當一個六個月大的嬰兒看到了塑膠冰棒的時候，他一秒鐘也不會多想就會伸手去拿。然而一歲大的寶寶，卻會先用雙眼盯住假冰棒，觀察個幾秒鐘的時間，彷彿是在心中回想他對於冰棒的瞭解，然後再把手伸出去。

快速成長中的一歲寶寶，由於他「眼腦並用」的能力逐

漸在增加，使得他雖然仍像過去一般，對於周遭的一切充滿了好奇，但是他的行為舉止，卻已經不會再像過去那般莽撞了。

您的寶寶會變得比較懂得「盤算」，會開始選擇一些他從來沒有接觸過且看起來比較有意思的東西來「玩」。也就是說，寶寶現在不會再不分青紅皂白，將他所面臨到的每一樣物體，全部都當作是他學習的對象。

最明顯的改變就是，寶寶現在懂得讓他的雙眼來指揮他的行動！換句話說，視覺已經逐漸地演化成為寶寶所依賴的一對無形的觸角了。

就拿寶寶學走路的過程為例子，當寶寶還不會走路的時候，他完全是以身體的觸覺作為行動的準繩。因此，當他的腳尖碰到了擋在前方的障礙物時，寶寶通常是還來不及煞車就已經摔倒在地了。

但是當寶寶漸漸地走得比較有經驗之後，大多數一歲多的孩子會開始用目光做先鋒，先看清楚四周圍的一切，然後再放心大膽地踏出他的腳步。

您也可以利用寶寶日漸專注的視覺，經由一些簡單的遊戲，一方面加強他的觀察力，另一方面也鍛鍊寶寶邏輯思考的能力。

我們曾經在寶寶十一個月的時候（詳見「嬰兒理則學」）為您介紹了一些這一類的遊戲。也許您的寶寶目前還不能將「玩具藏在哪兒？」和「玩具輸送帶」的遊戲玩得很好！沒關係，請您繼續耐心地和寶寶玩這些遊戲，直到他完全會了為止。同時，我們想再為您和寶寶介紹兩種新的遊戲。

　　提醒您，雖然這些遊戲的目的是訓練寶寶的邏輯與觀察力，但是您必須要抱著一種寓教於樂的心態，才能讓寶寶玩得開心、學得起勁。

　　首先，將一樣寶寶喜歡的玩具用一條細繩子綁住。示範給寶寶看，如何藉著拉動繩子的一端，將玩具從遠處拉近自己的身邊。您的寶寶很可能會在剛開始的時候，就鍥而不捨、一次又一次地，想要試著用他的小手去拉動那條細繩子。

　　在寶寶成功地拉動繩子之後，請您將一條一模一樣、同樣長度的繩子，平行地放在距離第一條繩子約三公分（一英吋）遠的地方。給寶寶一些時間，試試看他能不能光憑「目測」，即可正確地選擇（看出來）那條另一端綁了玩具的繩子。

　　如果您的寶寶總是要靠著拉回繩子，才能弄清楚兩條繩子之間的差別，那麼您不妨先試著將兩條繩子之間的距離拉遠一點，從寶寶一眼就能看出的間隔距離開始訓練寶寶。

　　同樣的，您也可以藉著縮近兩條繩子之間的距離，來慢慢增加這個遊戲的難度。不過，請您千萬不可過於心急，如果寶寶因為強烈的挫折感，而喪失了繼續玩下去的興趣，那豈不是得不償失了嗎？

　　一歲大的寶寶已經能夠看出物體的大小。因此我們要為您介紹的第二個遊戲，就是要幫助寶寶能夠更加準確地辨識物體的尺寸。

　　準備兩個外形相同、但是大小不同的容器（例如飯碗、茶杯或是皮鞋盒）。示範給寶寶看，將比較小的那個容器放

進比較大的容器中去，然後拍拍手表示您成功了！

為了「複製」您的成功，寶寶必須看得出來大小兩個容器之間尺寸的差別，然後才能將它們套在一起。

按著下來，您可以試著再增加一個形狀相同、但是大小不同的容器。也許在您的眼中，第三個容器的加入，應該是順理成章十分容易的，但是對於剛滿一歲的寶寶而言，要能夠成功地「識別」大、中、小三個容器，卻是一個相當困難的挑戰！

在寶寶「進階」之後，您可加入第四、第五、第六……個大小不同的容器，更進一步地增強寶寶目測尺寸的能力。

和尿片說拜拜？

您是否曾經「聽說」過，有些孩子在還不會走路之前，就已經不用包尿布了？是否也曾有長輩質疑地覺得，為什麼您的寶寶一歲大了卻還在穿尿片？

然而，不論親朋好友、長輩們給您的建議是什麼，學者專家們的忠告是，現在就開始訓練您的寶寶大小便確實是太早了一點。

雖然說控制大小便，是寶寶可以、也必須要學會的一種本領，但是在您開始訓練寶寶之前，他在身體與心靈方面需要具備以下的三個條件，才算是完全準備好了！

1.自主控制肌肉的能力：寶寶要能夠隨心所欲地控制掌管肛門與尿道開口的擴約肌；寶寶的腹肌要能夠強而有力地收縮；身體其他部分的肌肉也要能夠充分地配合，寶

寶才可以真正的達到「收放自如」的地步，成功地完成「排泄」的動作。

大多數的寶寶需要一年半到兩年的時間，才能夠逐漸的在「方便」的時候，有條不紊地操縱這許多位於身體不同部位的肌肉。而在寶寶控制肌肉的能力還沒有完全成熟之前，「意外」是會經常發生的！

2.表達自我的能力：一、兩歲大的小孩，還沒有辦法自己穿、脫衣褲；當他們在使用廁所的時候，還是需要大人的扶助與幫忙。

因此，寶寶必須要成熟與懂事到某種程度，才能在他想要去廁所之「前」，即時以特定的方式讓您知道，他需要您陪他到廁所去一趟。

3.動機：在寶寶逐步脫離尿片的過程之中，有一個絕對不可缺少的因素，那就是他自己要有不再穿尿片的意願。在寶寶幼小的心靈之中，也許是為了取悅父母，也許是不願意和他的玩伴不一樣，也許是因為尿片妨礙了他的活動，也許是天氣太熱穿了不舒服……等的因素，都可能讓他下定決心不再穿尿片，而在一夜之間，即永遠和長久以來日夜陪伴著他的尿片分手了。

正如同許多其他方面的進展一般，每一個寶寶在學習控制大小便的速度與進展方式上，都是十分不一樣的。身為家長的您，請務必要尊重寶寶自己設定的時間表。

在寶寶滿兩歲以前的這一段日子裡，您可以仔細觀察上文所提出的三點特徵，而在確定寶寶準備好了之後，才開始訓練他不穿尿片。到時候，您可能會有意想不到、事半功倍

的成就感嘛！

言而有「效」

您知道嗎？在寶寶目前所處的成長階段，他的智力（也就是領悟、思維與理解的能力）和他的語言能力，是相輔相成、互相影響的。

簡單一點來說，對於一歲大的寶寶而言，他聽得越多、看得越多、大腦所接受到的「訊息」就越多；寶寶看得懂與聽得懂的東西，相對的就會不斷地增加；寶寶的聰明與才智，也會更加快速地累進與發展。

言語的說明，可以提升一個孩子潛在的理解力與領悟力。以下我們就要引用一個在幼兒發展學中相當有名的實驗，來為您更深一層地解說這個概念。

在這個實驗之中，兩組從十三到三十一個月大的嬰兒，必須能夠正確地指出紅色和綠色的兩個盒子之中，哪一個盒子裡面放了一粒骰子。

被分在甲組的嬰孩必須經由嘗試錯誤的方法，去發現綠色的盒子是空的，而紅色的盒子裡有一粒骰子。

研究人員發現，甲組的嬰孩要花很長的時間，並且嘗試相當多的次數，才能真正的明白「紅色的盒子裡有一粒骰子」。不但如此，這些孩子們到了第二天，就會把前一天的結論忘得精光，而需要重新以嘗試錯誤的方法來找到那粒骰子。

至於被分在乙組的嬰孩，他們同樣也必須像甲組的嬰孩一樣，靠著嘗試錯誤來找出紅盒子裡的骰子。唯一的差別

是，每一次當他們指出正確答案的同時，工作人員就會對寶
寶說：「紅色。」

研究學者們發現，在達到每一次都正確無誤地找到骰子
之前，乙組的嬰孩們所需要嘗試的次數，要比甲組嬰孩所需
要的次數少得許多。

令人不可忽視的一點是，一個星期之後，乙組的嬰孩
們仍然可以在沒有任何的練習或提示之下，立刻想起來裝了
一粒骰子的是紅色的盒子。而甲組的嬰孩卻想不起正確的答
案，需要將整個過程從頭再來一次。

從以上的實驗之中，我們發現了一個重要的結論，那就
是將「紅色」這兩個字說出來，可以幫助寶寶將他的思緒與
注意集中在紅色盒子之上。寶寶因此不但能夠很快地記住盒
子的顏色，並且能在一個星期之後，仍然記得紅色的盒子裡
有一粒骰子。

您是否也覺得這個科學研究的結果，與古人朗誦詩書加
深印象的方法，有著異曲同工之處呢？

親愛的家長們，如果您還沒有開始為您的孩子「解說」
這個世界，那麼就從現在開始也還不算太遲！您可以先從和
寶寶玩「命名」的遊戲做起。

我們從許多研究嬰兒的學術報告中發現，當嬰兒們專注
於他們感興趣、且可以親身參與的活動時，他們的學習能力
是最為旺盛的。

因此，當您「講解」給寶寶聽的時候，不但應該儘量使
用簡短的句子，同時還應該是寶寶所感興趣的話題。

以下讓我們為您舉一些日常生活之中，您可以輕易做到
的例子：

1. 洗澡的時候，輕輕的在寶寶身上潑水，一邊說：「水灑在寶寶肚皮上了！」

2. 穿衣服的時候，將他身體各部位的名稱和衣物的名稱，一一說明清楚。例如：「把帽子戴到頭上去。」

3. 吃飯的時候，一邊讓寶寶看清楚您為他所準備的食物，同時還把食物的名稱說出來：「小嘴吃一口香蕉吧！」

4. 當寶寶玩得開心的時候，不論他是正在摔打玩具、製造噪音；把玩具箱子裡的東西一樣樣地掏出來，再放回去；或是拖著一個玩具滿地爬，您都可以趁機將他正在玩的玩具和正在進行的活動，仔細地對寶寶說明清楚。例如您可以說：「對啦，湯匙敲鍋子可以弄出很大的聲音來！」

5. 超級市場，一個絕佳的學習環境。帶寶寶去買東西，不但能完成您購物的任務，為寶寶上一堂「認識實物」的課，同時還可以培養您與寶寶之間的親情與默契，不是一舉數得的好差事嗎？

   告訴寶寶您想要買的東西是什麼；指給寶寶看貨架上物品的名稱與外形；讓寶寶知道您的選擇以及原因。比方說：「這是寶寶最愛吃的豆腐，摸摸看，是不是冰冰的？」、「我們需要買些白菜來包水餃，放進菜籃子裡吧！」

6. 唸故事書給寶寶聽，不但可以激發寶寶現階段腦力的成長，一旦您和寶寶都養成這個好習慣，在寶寶未來漫長的成長過程之中，不僅能為您和孩子營造無數的美好時光，能早日奠定好寶寶閱讀寫作的能力，更能培養孩子一生都將受用不盡的閱讀嗜好。

一開始的時候，您一歲大的寶寶可能還是會想要把書本放進嘴裡去啃一啃或是舔一舔。還記得嗎？這是寶寶最早開始使用的探索方式。因此您不妨先為寶寶挑選一些，用厚的硬紙板或是布料所製作的書來讀給寶寶聽。

您會發覺，當您一邊翻動書頁一邊教寶寶「指認」書中的物體時，他會用手去摸、去拍打書中的圖片，會含混不清地喃喃自語，同時也會用只有寶寶才懂得的方式，把書唸給他自己聽。

_____ 提醒您 ❗ _____

❖有沒有為寶寶一年來的學習進度，做個總整理？

❖別急著和尿片說拜拜！

❖隨時把握機會，為寶寶「解說」這個世界！

迴 響

　　寫這一封信的目的有兩個：第一是要感謝《教子有方》在過去一年的時間裡，給了我這個毫無經驗的媽媽，持續不斷的憑藉與鼓勵！

　　其次我想表達的是，對於《教子有方》精闢的內容、客觀公正的解說、專家們的建議、以及高品質的資訊，由衷的讚賞與肯定。

　　除了是一個孩子的母親之外，我還是從事特殊教育工作的老師。《教子有方》不僅印證了許多我所學過有關於嬰幼兒成長與發展的道理，同時也幫助我加強了許多激發智能、心靈培養方面的知識！

　　在小兒剛過完一歲生日之際，我不但已經準備好要與他一同邁向未來五年關鍵性的成長歲月，同時還熱切地期盼《教子有方》加入我們的行列！

苗娛祺（美國華盛頓州）

《1歲寶寶成長軌跡》、《2歲寶寶成長里程》
【*最新版本*】

　　讀完本書《0歲寶寶成長心事》，您是否迫不及待等著看孩子日後的成長？請您繼續隨著孩子的成長腳步，觀看寶寶成長圖書。

《1歲寶寶成長軌跡》 毛寄瀛譯	《2歲寶寶成長里程》 毛寄瀛譯
最佳的幼兒智能訓練方案， 最好的幼兒潛能激發方法， 最優的幼兒教養計畫， 從1歲到2歲，本書幫你逐月掌握寶寶的成長軌跡！ 全方位的學習啓蒙指南！綜合性的幼兒生理、心理解說！生活化的親子互動安排！給自己最輕鬆的，也給寶寶最好的，與你的孩子一起成長！	2歲的寶寶會說什麼話？ 2歲的寶寶會做什麼事？ 最優質的幼兒教養寶典， 完全掌握2歲幼兒的成長里程。 這是一本全方位的學習啓蒙指南，包括綜合性的幼兒生理、心理解說，與生活化的親子互動安排！ 給自己最輕鬆的，也給寶寶最好的，與你的孩子一起成長！

《3歲寶寶成長地圖》，毛寄瀛譯

　　3歲寶寶是個上足了發條的小生命，爸爸媽媽可得多花點心思。日常生活與學習中充滿著許多樂趣，在寶寶的成長地圖裡總有驚奇！這是一本全方位的學習啓蒙指南，包括綜合性的幼兒生理、心理解說，與生活化的親子互動安排！給自己最輕鬆的，也給寶寶最好的，與你的孩子一起成長！

《4歲寶寶成長領航》 毛寄瀛譯	《5歲寶寶成長指南》 毛寄瀛譯
4歲小孩的好奇心怎麼也關不住，勇敢驗證的過程往往讓一家人手忙腳亂。這是一本全方位的學習啟蒙指南，包括綜合性的幼兒生理、心理解說，還有生活化的親子互動安排，能夠引導寶寶分辨「真實」與「幻想」的界限，邁向更為成熟的思考領域！給自己最輕鬆的，也給寶寶最好的，與你的孩子一起成長！	5歲是寶寶成長中一個重要的里程碑，他不再是小小孩，而是大小孩了！這是一本全方位的學習啟蒙指南，包括綜合性的幼兒生理、心理解說，還有生活化的親子互動安排，能夠引導寶寶分辨「真實」與「幻想」的界限，邁向更為成熟的思考領域！給自己最輕鬆的，也給寶寶最好的，與你的孩子一起成長！

　　寶寶成長圖書取材自美國超過千萬訂戶的*Growing Child*，以最專業淺顯易讀的內容，一個月一個月的幫助父母正確瞭解成長中的寶寶。這套書不僅即時解答日常生活中「教」「養」的問題，更提醒父母未曾注意的重要細節。

　　本套書籍能夠提供父母不可或缺的知識，幫助寶寶奠定一生的成長、學習基礎。

【譯者簡介】

毛寄瀛博士

　　臺大畢業後到美國攻讀營養學碩士、博士，除了專業的營養領域，最熱衷的是推廣正確的育兒觀念，希望幫助更多的寶寶健康快樂的成長、更多的父母輕鬆正確的教養子女。

國家圖書館出版品預行編目資料

0歲寶寶成長心事／Phil Bach等著；毛寄
瀛譯.--三版.--臺北市：書泉,2014. 05
　　面；　公分
摘譯自Growing child
ISBN 978-986-121-916-5（平裝）
1.育兒
428　　　　　　　　　　　103005550

3100

0歲寶寶成長心事

總 編 輯 — Dennis Dunn

作　　者 — Phil Bach, O.D., Ph.D., Miriam Bender, P
　　　　　　Joseph Braga, Ph.D., Laurie Braga, P
　　　　　　George Early, Ph.D., Liam Grimley, P
　　　　　　Robert Hannemann, M.D., Sylvia Kottler,
　　　　　　Bill Peterson, Ph.D.

譯　　者 — 毛寄瀛(26.1)

發 行 人 — 楊榮川

總 編 輯 — 王翠華

主　　編 — 陳念祖

責任編輯 — 李敏華

封面設計 — 童安安

出 版 者 — 書泉出版社

地　　址：106台北市大安區和平東路二段339號

電　　話：(02)2705-5066　　傳　真：(02)2706-6

網　　址：http://www.wunan.com.tw

劃撥帳號：01303853

戶　　名：書泉出版社

總 經 銷：朝日文化事業有限公司

電　　話：(02)2249-7714

地　　址：新北市中和區橋安街15巷1號7樓

法律顧問　林勝安律師事務所　林勝安律師

出版日期　2001年 9 月初版一刷
　　　　　2008年12月二版一刷
　　　　　2014年 5 月三版一刷
　　　　　2015年 9 月三版二刷

特　　價　新臺幣280元